# ÉMILE

## OU

## LE JEUNE AGRICULTEUR

SUIVI D'UNE NOTICE SUR ADAM DE CRAPONNE

Par L. de Saint-Germain

## ROUEN

MÉGARD ET C.ie, IMPRIM.-LIBRAIRES

# BIBLIOTHÈQUE MORALE

## DE

# LA JEUNESSE

Paris. Imp. Vialat, Rue des Saugers, 17.

# ÉMILE

## OU

## LE JEUNE AGRICULTEUR

SUIVI D'UNE NOTICE SUR ADAM DE CRAPONNE

### Par L. de Saint-Germain

## ROUEN

MÉGARD ET Cⁱᵉ, IMPRIM.-LIBRAIRES

# AVIS DES ÉDITEURS.

Les Éditeurs de la **Bibliotheque morale
de la Jeunesse** ont pris tout-à-fait au sérieux
le titre qu'ils ont choisi pour le donner à cette
collection de bons livres. Ils regardent comme une
obligation rigoureuse de ne rien négliger pour le
justifier dans toute sa signification et toute son
étendue.

Aucun livre ne sortira de leurs presses, pour
entrer dans cette collection, qu'il n'ait été au
préalable lu et examiné attentivement, non-seulement par les Éditeurs, mais encore par les personnes les plus compétentes et les plus éclairées,

Pour cet examen, ils auront recours particulièrement à des Ecclésiastiques. C'est à eux, avant
tout, qu'est confié le salut de l'Enfance, et, plus
que qui que ce soit, ils sont capables de décou-
vrir ce qui, le moins du monde, pourrait offrir
quelque danger dans les publications destinées
spécialement à la Jeunesse chrétienne.

Toute observation à cet égard peut être adressée
aux Éditeurs sans hésitation. Ils la regarderont
comme un bienfait non-seulement pour eux-
mêmes, mais encore pour la classe si intéressante
de lecteurs à laquelle ils s'adressent.

# ÉMILE

ou

## LE JEUNE AGRICULTEUR.

## I.

C'est une belle saison que le printemps, c'est un mois charmant que le mois de mai. Si v us voulez en jouir, levez-vous de grand matin : la brise un peu fraîche caressera votre front, en vous apportant le parfum des fleurs nouvellement écloses, et, çà et là, cachés dans l'aubépine en fleurs, dans l'épaisseur des haies, dans les branches reverdies des grands bois, les oiseaux vous

salueront de leurs joyeux gazouillements et
vous inviteront à bénir avec eux le Dieu de
la nature.

Par une de ces ravissantes matinées dont
chacun de nous a goûté le charme, un
homme encore vigoureux, qu'une certaine
raideur dans la tenue, une sévère propreté,
une précision de mouvements peu commune
faisaient reconnaître pour un vieux soldat,
prenait son chapeau, couvert d'un crêpe,
qui, sans doute, avait un long usage, car
le soleil et la pluie l'avaient rendu jaunâtre,
et, quittant sa chambre, se disposait à entrer dans celle de son fils, jeune garçon de
quatorze ans qu'il chérissait et qui, depuis
deux ans qu'il avait eu le malheur de perdre
sa compagne, était sa seule consolation et
son seul espoir.

Émile aussi s'était levé de bonne heure et
s'était habillé sans bruit, espérant aller sur-
prendre son père au lit et lui rappeler la
promesse qu'il lui avait faite la veille, de le
conduire jusqu'à la ferme voisine, où tous
deux prendraient le lait de mai, sur l'herbe.
Il sortait avec précaution de sa chambrette,

au moment où son père allait en ouvrir la
porte, avec une précaution non moins
grande; car il croyait trouver encore son
cher enfant endormi, et contempler ce doux
sommeil qui était une des joies du vieillard.

— Bonjour, père, dit Émile; ne te gêne
pas, marche comme d'habitude; tu le vois,
je ne dors plus, et il y a longtemps, va.
J'ai entendu sonner deux heures à l'horloge
du village, et je n'ai pas voulu refermer
l'œil, tant j'avais peur d'être en retard.
Embrasse-moi, prends ta canne et partons.
Vois comme le temps est beau! Oh! nous
allons faire une charmante promenade. Et
tu ne seras pas triste, n'est-ce pas, petit
père? Je t'en prie; cela me fait tant de
peine, que je me demande toujours ce que
je pourrais faire pour te distraire un peu.
Il y a même des jours où je crains que ce ne
soit moi qui te cause du chagrin.

— Tu pourrais m'en causer beaucoup,
en effet, mon ami, si tu ne répondais pas à
mes soins, si tu étais indocile, menteur,
étourdi, comme beaucoup d'enfants que je
connais; mais je rends justice à ton bon

cœur, à ton application, à ta tendresse pour
moi, et tous les jours je prie Dieu pour que
tu continues à me donner de la satisfaction
et que tu deviennes un honnête homme et
un homme utile. Ce n'est donc pas toi qui
me chagrines, cher enfant, et je voudrais,
puisque ma tristesse t'afflige, pouvoir retrouver ma gaîté d'autrefois; mais, malgré
moi, tout me rappelle la perte que nous
avons faite, et que je déplore moins encore
pour moi que pour toi. Ainsi, en me pré-
parant à faire cette promenade, j'ai pensé
au temps où ta mère et moi nous allions
te voir à une lieue d'ici, chez la bonne
nourrice à laquelle nous t'avions confié.
Nous devancions le lever du soleil, afin que
notre travail du jour ne souffrît pas du
plaisir que nous prenions; car, ce travail,
c'était pour toi que nous nous y livrions. La
brave Catherine venait au-devant de nous,
te portant dans ses bras. Nous nous as-
seyions sur l'herbe; ta mère te prenait sur
ses genoux et te présentait à mes baisers.
Nous restions ainsi longtemps à te regarder
et à te parler; chaque fois nous te trouvions

embelli : tu avais grandi, tes joues étaient plus roses, tes cheveux et tes yeux plus foncés, ton sourire plus intelligent. Je ne te dirai pas quelle fut notre joie quand, pour la première fois, tu bégayas nos noms, en tendant vers nous tes petits bras... Tu nous connaissais... tu nous aimais... Ta mère en pleurait de bonheur, et j'avais grand'peine à ne pas l'imiter. Dieu sait ce que ce jour-là nous avons fait de projets pour ton avenir !... Je l'élèverai si bien, disait ta mère, je lui enseignerai avec tant de patience et tant d'amour à craindre Dieu, à détester ce qui est mal, à chérir ce qui est bien, qu'il sera bon et vertueux. Pauvre mère ! Tant qu'elle a vécu, elle a tenu parole, et, si tu te rappelles ses soins si tendres, ses douces caresses, tu ne dois pas avoir oublié non plus ses sages leçons.

—Non, mon père, dit Émile, dont la paupière se gonflait, et j'espère ne les oublier jamais. Je me rappelle surtout qu'elle m'a dit : Quand je ne serai plus là, mon Émile, tu consoleras ton père... Et tu ne veux pas être consolé.

— Tu as raison, je suis plus faible qu'un enfant; deux ans écoulés n'ont pu rendre mes regrets moins amers. Mais je te promets d'avoir désormais du courage, et, si je te parle encore de celle que j'ai tant pleurée, car je t'en parlerai, mon ami, le souvenir de sa mère rend l'enfant meilleur, ce sera sans me laisser aller à une douleur dont le spectacle t'afflige. Allons, viens, Émile, nous partons.

Le petit garçon essuya deux grosses larmes qui coulaient doucement le long de ses joues, et courut détacher Castor.

—Venez, mon bon chien, vous serez aussi de la promenade, dit-il, en prenant un ton joyeux, afin d'arracher son père à sa rêverie; serez-vous content de vous rouler dans l'herbe avec votre maître! Voyons, répondez.

L'intelligent animal, dressé sur ses pattes de derrière, appuyait les deux autres sur les épaules d'Émile, remuait la queue et fouettait de ses longues oreilles, brunes et soyeuses, le visage rose et potelé de l'enfant, qui lui baisait la tête. A cet heureux âge, si légitime et si grave qu'en soit la cause, le chagrin n'a pas de durée, et bientôt Émile répondit par de francs éclats de rire aux cris joyeux de son ami Castor.

Ce tableau était si gracieux, que le vieux soldat le contempla un instant, et qu'un bon sourire vint épanouir son honnête et martiale figure.

— A bas, Castor ! dit-il enfin, joignant sa grosse voix à celle d'Émile. Le chien, qui n'avait pas écouté l'enfant, vint aussitôt près du vieillard, et, après avoir doucement léché la main qu'il lui tendait, se mit à gambader en avant.

Le village de Lissey, assis sur le penchant d'un coteau couvert de vignes, est dans une des plus belles situations du département de la Meuse.

Au pied de ce coteau s'étendent des prairies, des champs fertiles, de beaux villages ; une forêt vigoureuse en couronne le sommet et de vastes carrières en enrichissent les flancs. C'est là qu'on trouve ces pierres de plusieurs mètres de long dont le vigneron de ces contrées orne le foyer de la cuisine, sous

le vaste manteau de laquelle il s'abrite dé-
licieusement pendant les longues veillées
d'hiver.

A chaque pas nos promeneurs trouvaient
des souvenirs. Dans ces carrières, Castor
avait étranglé un blaireau qui s'était four-
voyé ; ici était un sentier que M. Guérin avait
gravi plus d'une fois, portant Émile sur son
dos ; là, un cerisier du haut duquel le petit
étourdi était tombé sans se faire de mal ;
plus loin, c'était l'ouverture d'un souterrain
faisant autrefois partie du château de Villers,
situé sur la crête de la montagne. Cette sombre
cavité avait été longtemps pour Émile l'objet
d'une grande terreur. Voici pourquoi : un
jour, pour causer une surprise aux bons parents, la nourrice voulut l'amener à Lissey. Il
marchait déjà bien ; mais deux lieues c'était
long pour ses petites jambes et pour les bras
de la bonne femme, qui était obligée de le
porter de temps en temps. Pour gagner
quelques minutes, elle allait à travers les
bois. Arrivée devant un petit clos, à la haie
duquel aucune brèche praticable n'était ouverte, elle choisit l'endroit où cette haie était

le moins haute et, élevant Emile au-dessus
de sa tête, elle parvint à la traverser. Mais,
en voulant le remettre à terre, elle ne prit
pas assez de précaution, et une forte épine
déchira le bras de l'enfant, qui jeta les hauts
cris. Catherine, ne pouvant parvenir à l'a-
paiser, lui montra le souterrain, et lui dit
que le sorcier qui l'habitait le punissait de
n'être pas toujours sage. Émile le crut longtemps, et chaque fois que les promenades
qu'on lui faisait faire le conduisaient de ce
côté, le pauvre enfant tremblait de tous ses
membres.

Il conta tous ces détails à son père, qui
en prit occasion de condamner le mensonge
quel qu'il soit et de blâmer sévèrement les
bonnes femmes, dont les contes faussent l'esprit des enfants et remplissent leur imagina-
tion des plus folles terreurs.

Émile rit de bon cœur de toutes les su-
perstitions auxquelles il avait cru dans son
enfance, des histoires de lutins et de sor-
ciers qui tant de fois l'avaient fait frissonner,
des rêves affreux qu'il avait faits après les
soirées passées à écouter avidement ces vieux

récits que la conteuse tient toujours de son aïeule ou de sa bisaïeule, mais qu'elle ne se fait aucun scrupule d'arranger selon sa fantaisie et qu'elle enrichit des détails les plus terribles qu'elle puisse inventer; car elle n'ignore pas que plus son auditoire aura frémi, plus sa réputation d'éloquence aura grandi.

Grâce à la raison et à la fermeté de M. Guérin, Émile s'était guéri de cette maladie qu'on appelle la peur. De nuit, comme de jour, il était prêt à aller partout où son père l'enverrait. Quand, par hasard, il éprouvait encore quelque ressentiment de ces craintes puériles, il avait grand soin de s'assurer de l'objet qui le lui causait, et comme il avait toujours reconnu que rien ne motivait ces frayeurs, il était devenu un garçon résolu que personne ne se fût permis de railler.

C'était d'ailleurs un enfant sérieux et réfléchi; la perte de sa mère, la douleur de son père avaient doublé sa raison, et on le citait dans le village comme le modèle des jeunes garçons de son âge. Il était en bons rapports avec eux tous; mais il n'avait d'autre ami que son père ; il se plaisait dans sa société et ne l'eût pas abandonnée pour la partie de jeu la plus séduisante. Le bon curé du village lui avait appris un peu de latin : son père, qui avait reçu de l'instruction, s'était chargé de lui enseigner le français et les mathématiques, et tous deux s'étaient attachés surtout à graver dans son cœur les préceptes de la religion et de la morale.

Émile avait profité de leurs soins et, comme il aimait l'étude, il donnait à la lecture des bons livres, que lui choisissait son père, tout le temps dont il pouvait disposer. Ces livres contenaient de belles leçons de vertu, propres à développer dans l'âme tous les généreux sentiments, ou renfermaient de curieux détails sur les diverses parties du monde, les mœurs des peuples, les progrès des sciences et des arts ; ils apprenaient à Émile par quelles actions d'éclat les grands hommes ont mérité ce titre ; enfin, ils ornaient son intelligence en même temps qu'ils lui inspiraient une noble émulation.

M. Guérin aimait à lui faire rendre compte de ces lectures ; il y ajoutait d'utiles réflexions ou se chargeait d'expliquer à l'enfant ce que, malgré tous ses efforts, il n'eût pu comprendre qu'imparfaitement. Le bon air de la campagne, l'exercice et le travail avaient développé les forces d'Émile. Nous disons le travail ; car, tout en lui laissant le temps de s'instruire, son père voulait qu'il prît de bonne heure l'habitude d'une vie laborieuse. Ainsi, il accompagnait les ouvriers, soit aux vignes, soit dans les champs, et il les animait par son exemple. Quand venait la récolte des foins, il maniait la fourche et le râteau presque aussi bien que son père ; quand les blés étaient coupés, il aidait à les mettre en gerbes ; enfin, quand arrivaient les vendanges, il n'y avait personne de plus habile que lui à dépouiller les ceps des belles grappes noires dont ils étaient chargés.

Il s'était d'abord occupé ainsi pour faire plaisir à son père et le soulager d'une partie de ses fatigues ; mais insensiblement il avait pris goût à ce travail, et l'empêcher de s'y livrer eût été lui imposer une grande privation. M. Guérin se réjouissait de le voir actif, courageux, autant que raisonnable et docile, et il commençait à se demander quelle carrière il lui ferait embrasser. Émile y pensait aussi quelquefois, et ce n'était pas sans une certaine crainte : si son père allait l'obliger à partir, à aller bien loin, soit pour apprendre un état, soit pour continuer son éducation. Il avait été sur le point de l'interroger plusieurs fois à cet égard ; mais il ne l'avait par encore osé, tant il tremblait que la réponse de M. Guérin ne vînt confirmer ses appréhensions.

Pendant leur promenade matinale, la conversation tomba tout naturellement sur ce sujet.

— Que c'est beau la campagne, mon père ! dit Émile ; regarde donc, du vert, du rouge, du brun, des champs de toutes couleurs. Comme la charrue fait la part de chacun ! Il est vraiment extraordinaire qu'on ait pu faire de cette grande plaine autant de petits morceaux. Et puis là-bas, quels arbres vigoureux ! quelle fraîche verdure ! N'est-ce pas, petit père, que notre pays est bien beau ?

— Sans doute, mon enfant. C'est une fertile terre qui paie les sueurs de celui qui

la cultive ; mais il y a de plus riantes contrées, des sites plus pittoresques, des vallées
plus riches.

— Il faut bien que je te croie, papa, tu
as tant voyagé ! Mais pour moi, vois-tu, il
n'y aura jamais rien qui vaille cette montagne, cette plaine et cette forêt. Il me semble
que, si je les quittais, je ne serais bien
nulle part.

— Et tu n'as jamais pensé qu'un jour
viendrait où peut-être il faudrait leur dire
adieu ?

— Oh ! si, mon bon père, j'y ai pensé
souvent, et, puisque tu veux que je te parle
franchement, je t'avoue que cette idée-là me
fait grand'peur,  et je te prie de me dire ce
que tu as envie de faire de moi.

— Je veux avant tout consulter tes goûts,
mon cher enfant. Nous ne sommes pas assez
riches pour que tu n'aies pas à te préoccuper
de ton avenir, et, quand nous le serions,
je voudrais encore que tu pusses au besoin
te suffire à toi-même. La fortune est in-
constante, et je considère un homme inca-
pable de gagner sa vie par un travail hono-

rable, comme beaucoup plus pauvre que celui qui n'a que ses bras, mais qui sait s'en servir. Car on ne sait ce qui peut arriver, et l'on a vu des gens qui jouissaient d'immenses revenus, se trouver, du jour au lendemain, réduits à la misère, soit par des faillites, soit par des révolutions, soit par tout autre cause. Il faut donc, mon ami, que tu songes sérieusement à ce que tu dois entreprendre ; tu as quatorze ans, et bientôt il sera temps que tu te décides.

— Mon Dieu, je suis bien embarrassé. Je ne suis pas assez instruit pour prétendre à quelque emploi qui demande beaucoup de savoir.

— Non ; mais tu es encore assez jeune pour étudier avec succès.

— Le courage ne me manquerait pas, tu le sais bien, mon bon père ; mais je n'aimerais pas à recevoir d'autres leçons que les tiennes.

— Cependant, mon enfant, je ne puis t'enseigner tout ce qu'il faut que tu saches si tu veux devenir médecin, avocat, professeur, artiste, ni même si tu préfères **embrasser la** carrière industrielle.

— Alors je ne choisirai rien de tout cela. Car, vois-tu, mon père, je ne veux pas te quitter. Tu ne penses qu'à moi, il est bien juste que je pense un peu à toi. Je suis ton seul enfant, tu me l'as dit bien des fois, ta seule consolation ; tu es mon meilleur ou plutôt mon unique ami ; nous ne pourrions être heureux l'un sans l'autre ; ne nous séparons donc pas. Qui est-ce qui te distrairait ? qui est-ce qui te forcerait à t'occuper d'autre chose que de ton chagrin, si je n'étais plus là ? Devant qui oserais-tu pleurer ? A qui parlerais-tu de ma bonne mère ? A qui parlerais-tu de moi ?

—A tout le monde. Mais tu as raison, mon enfant ; on m'écouterait d'abord, on me plaindrait ; puis on finirait par me trouver maussade, et l'on m'abandonnerait.

— Eh bien ! mon bon père, ne crains pas cela ; car ma place est auprès de toi, et je n'en veux pas d'autre.

— Merci, cher enfant, dit M. Guérin en

prenant entre ses mains la tête d'Emile et en déposant un baiser sur son front. Il est bien doux d'être aimé ainsi!... Mais plus tu me témoignes de tendresse, plus je veux prendre soin de ton bonheur. Non, nous ne nous séparerons plus. Je tiens bien moins à ce village que je ne tiens à toi; si tu le quittes, je te suivrai; je louerai notre petite maison, le peu de terres que nous possédons, et je vivrai de ma pension dans la ville que tu habiteras.

— Tu ne te rappelles donc plus ce que je te disais tout-à-l'heure? demanda Emile: que je ne voudrais pas m'éloigner de ce pays. Tu ne le peux pas non plus  Qui est-ce qui irait prier sur la tombe de ma bonne mère? Qui est-ce qui cultiverait les fleurs que nous y avons plantées? Qui est-ce qui y porterait, le jour des Rameaux, un bouquet de buis bénit? Tu serais encore bien plus triste ailleurs, va, je le sais bien; aussi, je t'en prie, ne parlons plus de cela. Toi qui es si sage et qui connais tant de choses, tu dois pouvoir trouver un moyen pour que je reste ici et que j'y vive paisiblement. Tu y as bien

vécu avec ma mère, pourquoi ne ferais-je
pas ce que tu as fait?

— En effet, pourquoi ne serais-tu pas laboureur? pourquoi ne vivrais-tu pas du travail de tes mains, dans ce village où l'on
peut être heureux à peu de frais?

— Eh bien! c'est dit, je serai laboureur.

— Oh! ne te décides pas si vite. Trop de
précipitation ne vaut rien, et, avant de s'en-
gager à une chose, il est bon de réfléchir
mûrement, si l'on ne veut pas se préparer des
regrets souvent inutiles. Il faut que tu saches
avant tout ce que c'est que l'état que tu veux
embrasser.

— Tu me l'apprendras; l'autre jour j'entendais dire à André Simon, qui est le meilleur cultivateur du pays : « Il faut que je
demande à M. Guérin pourquoi nos blés sont
si chétifs, et qu'il m'enseigne ce que je dois
faire; car il se connaît à tout cela mieux que
nous, tout capitaine qu'il est. »

— Oui, oui, je suis un vieux soldat;
mais, avant de partir pour l'armée, j'avais
tenu les bras de la charrue. Mon père faisait
valoir une petite ferme; il n'était pas riche;

mais il avait à cœur d'élever convenablement sa famille, et ce n'était pas peu de chose : il avait huit enfants. Toutefois, loin de s'en désoler, il en remerciait Dieu. « Ce sont, disait-il, des soutiens pour ma vieillesse. » J'étais l'aîné. Quand j'eus atteint ma quinzième année, juste l'âge que tu as aujourd'hui, il m'envoya chez un de ses amis, qui régissait une ferme modèle aux environs de Nancy. J'y restai cinq ans ; mais, au moment où j'allais pouvoir aider efficacement mon père et enseigner à mes frères ce qu'on m'avait appris, je fus appelé sous le drapeaux. Ma mère pleura beaucoup ; bien peu de ceux qui partaient devaient revenir ; mon père me bénit et me dit : « Mon enfant, il est beau de mourir en défendant son pays ! »

— Tu ne l'as pas oublié, mon père, puisque tu es revenu avec un grade et la croix.

— Et je ne regrette ni les balles ni les coups de sabre que j'ai reçus, et, si l'ennemi menaçait notre France, je retrouverais encore mes armes. La patrie c'est notre mère ; notre sang lui appartient.

— Pourtant, tu ne m'as pas parlé de la carrière militaire.

— Grâce à Dieu, la paix règne, et il faut espérer qu'elle durera longtemps. Mais si un jour notre frontière était forcée, et que tu ne fisses pas ce que doit faire un homme de cœur, tu ne serais pas mon fils.

— Je comprends, mon père, et comme je tâcherai toujours de t'imiter, tu peux être tranquille. Mais revenons, je t'en prie, à ce que nous disions il n'y a qu'un instant. Tu ne sais pas combien je suis heureux de penser qu'il me sera possible de rester auprès de toi, dans ce cher petit village où je suis né. Quand commenceras-tu de m'apprendre ce qu'il faut savoir pour être un bon laboureur?

— Quand tu le voudras.

— Tout de suite, mon cher petit père, tout de suite. Je t'écouterai bien, va; car je suis fier de penser que tu ne me regardes plus comme un enfant, puisque tu me parles de l'avenir et me laisses libre de choisir un état. Et puis, je suis déjà fort et bientôt je

pourrai commencer , n'est-ce pas? à mettre
tes leçons en pratique.

— Oh! pas encore , mon enfant. Tu tra-
vailleras comme tu l'as fait jusqu'à présent ,
un peu plus, à mesure que tu grandiras;
tu donneras à l'étude des bons ouvrages d'a-
griculture tout le temps que d'autres occupations ne réclameront pas; dans cinq ou
six ans d'ici, tu auras une charrue et de
bons bœufs; tu commenceras par cultiver
nos champs, et quand tu auras acquis assez
d'expérience, tu cultiveras ceux des autres ;
car nous ne sommes pas d'assez gros propriétaires pour que tu ne travailles que sur
ton bien.

— Bah! qu'est-ce que cela fait? Je
ne manquerai pas d'ouvrage , allez, mon
père.

— On n'en manque jamais quand on est
courageux et probe. Ainsi, c'est chose conve-
nue ; nous voulons savoir comment on doit
s'y prendre pour rendre la terre productive ,
comment on ensemence et comment on récolte.

— Je sais déjà presque tout cela. J'ai vu

labourer, j'ai sarclé nos champs, j'ai re-
tourné le foin, j'ai lié les blés. Vraiment je
serais bien fou de vouloir entreprendre un
autre métier, tandis que je connais à moitié
celui-là, et que j'ai sous la main un maître
si bon et si savant.

— Emile, vous êtes un flatteur. Mais c'est
égal, embrassez-moi et disposez-vous à faire
honneur à ce bon lait qu'on nous apporte,
dit M. Guérin, en donnant à son fils une petite tape sur la joue et en lui montrant la fer-
mière, qui venait à eux, portant deux jattes
de lait tout fumant.

Emile n'avait pas besoin de cette recom-
mandation : l'air vif du matin avait éveillé
son appétit ; il s'assit sur l'herbe, émietta
dans sa tasse un énorme morceau d'un pain
un peu brun, mais beaucoup plus substan-
tiel et plus agréable au goût que le pain
blanc des villes, et se mit à manger de si
bon cœur, que le vieux capitaine ne pouvait
s'empêcher de sourire en le regardant.

Castor vint se coucher à ses pieds ; il avait
faim aussi, et, pour ne pas se laisser oublier,
il allongeait de temps en temps sa grosse tête

sur les genoux de son jeune maître et le re-
gardait tendrement. Emile se montra généreux ; quand, à l'aide de ce fidèle Castor, il
eut entièrement vidé la jatte, il s'écria que jamais il n'avait fait un repas si délicieux, et
déclara que ce déjeuner avait encore augmenté sa sympathie pour l'état de laboureur.

Le soleil, encore tout enveloppé des va-
peurs de la nuit, lorsqu'ils avaient quitté le
village, brillait maintenant d'un vif éclat,
et pas un nuage n'obscurcissait le bleu
splendide du ciel. Tout s'animait autour des
deux promeneurs ; les troupeaux sortaient
de leurs étables, les petits pâtres les conduisaient en chantant ; les paysans se rendaient
gaiement au travail. Chaque fois qu'il se
prépare une de ces journées si belles, qu'on
les prendrait pour de véritables fêtes, la joie
de la nature influe sur l'homme, et s'il n'a
pas de trop cruels soucis, il les oublie et se
trouve heureux.

Quant à Emile, il était rayonnant : il
avait fait une charmante promenade, il avait
réussi plusieurs fois à faire sourire son père
et il était délivré, je n'oserais pas dire d'une

grande inquiétude, on n'en a pas à son âge, mais d'une préoccupation qui, bien qu'il la repoussât, le tracassait de temps en temps.

C'était un bien bon fils qu'Emile; en prenant la résolution de rester au village, il avait beaucoup moins pensé à lui-même qu'à son père. M. Guérin ne l'ignorait pas et il en éprouvait un véritable bonheur; car il savait bien que Dieu bénit toujours l'enfant qui a pour les auteurs de ses jours respect, amour et dévouement.

## II.

Le père et le fils s'étaient trop bien trouvés
de leur promenade pour ne pas la recom-
mencer, et M. Guérin céda d'autant plus
volontiers à la prière que lui en fit Emile,
que rien n'est plus propre à fortifier les
jeunes gens que cet exercice matinal, et
à leur faire prendre l'habitude de ne pas céder à la paresse. On est d'ailleurs si ample-
ment dédommagé, par le beau spectacle de
la nature, de la petite violence qu'on s'est
faite pour quitter son lit, qu'Emile, en

voyant les portes et les volets des maisons encore fermés, ne pouvait s'empêcher de dire en traversant le village :

— Comment peut-on dormir quand il fait si bon se promener?

M. Guérin souriait.

— Si tu veux être cultivateur, mon enfant, dit-il, tu auras besoin de te lever souvent de grand matin. C'est un métier dans lequel on n'a pas toutes ses aises.

— Et dans lequel les a-t-on, mon père? demanda l'enfant.

— Tu as raison, mon ami ; quelle que soit la profession qu'on embrasse, quand on veut y réussir, il ne faut pas craindre la fatigue, et c'est une grande erreur de se persuader que celui qui n'a pas à supporter l'ardeur du soleil, ou dont les bras ne sont pas employés à un rude labeur, n'a rien à faire. Le travail de l'esprit est fort pénible ; il a sur la santé une pernicieuse influence, tandis que celui du corps, quand il n'est pas excessif, entretient la vigueur et développe les forces. Regarde nos vignerons, nos laboureurs, ils chantent en travaillant ; si leur nourriture est grossière, elle est assaisonnée d'un excellent appétit, et si leur couche est dure, ils ne s'en aperçoivent pas ; car un bon sommeil est la récompense de leur fatigue. Il n'en est pas de même de ceux dont le labeur est intellectuel : leur corps, manquant de l'activité nécessaire, est plus languissant ; ils mangent peu, dorment à peine, et envient à ceux dont nous venons de parler leur gaîté et leur santé.

— Je n'avais jamais pensé à cela, et comme j'entendais dire aux paysans, quand ils voyaient passer des gens de la ville : Ceux-là sont bien heureux, je le croyais.

— Tâche de te rappeler une chose, mon enfant : c'est que le bonheur est indépendant de la fortune, et que celui auquel on porte envie est souvent fort à plaindre. Le laboureur n'est pas dans telle ou telle position plutôt que dans telle autre ; il y a des gens qui ne seront jamais heureux, toutes les richesses, tous les honneurs de la terre fussent-ils entre leurs mains. Le bonheur appartient à qui sait se contenter de ce qu'il a.

2.

— Ainsi je puis être aussi heureux dans ma petite ferme qu'un millionnaire dans son château ?

— Assurément, mon ami ; il y a cent contre un à parier que, le cas échéant, c'est toi qui le serais le plus.

— Voilà qui me déciderait si je n'étais pas décidé tout-à-fait ; mais je le suis et je ne me suis occupé que de cela depuis hier. J'en ai même rêvé et je me trouvais dans un étrange embarras : j'avais un champ à labourer et point d'outils.

— Tu étais précisément dans la même position que les premiers hommes, quand Dieu eut condamné Adam et sa race à manger leur pain à la sueur de leur front.

— C'est vrai. Et comment ont-ils fait ?

— Dieu est trop juste et trop bon pour avoir exigé l'impossible, même des coupables qu'il voulait punir. En mettant l'homme faible et nu sur la terre, en l'obligeant à vivre de son travail, il lui a donné l'intelligence et semble avoir voulu lui dire : Les animaux ont un vêtement et trouvent sans peine la nourriture qui leur convient ;

toi qui dois être leur maître, tu es le plus faible de mes ouvrages; mais développe-toi et tu seras le roi de la création. L'homme, doué de raison, n'a pas tardé à comprendre sa position, et son esprit inventif a su bientôt la rendre supportable. L'inclémence des saisons, les vicissitudes de la température font rechercher un abri à tous les êtres animés : les animaux de proie s'enfoncent dans les cavernes, dans les antres, les castors élèvent des digues, les oiseaux se réfugient au plus épais des bois. L'homme imita d'abord leur conduite; mais il ne resta pas longtemps simple imitateur de la brute; il voulut mieux faire, et la persistance de ses efforts amena le succès. C'est la patience, c'est l'opiniâtreté dans la lutte qu'il soutient contre les difficultés, qui font son principal génie. Quand les premiers hommes eurent trouvé le moyen de se soustraire aux injures de l'air, il vécurent sans doute pendant quelque temps en se nourrissant des fruits sauvages et des herbes de la terre; mais quand ils se furent multipliés, cette nourriture devint insuffisante, et ils durent songer à assurer à leurs enfants une ressource contre la faim. Il fallut entr'ouvrir le sein de la terre, pour y jeter les semences reconnues les meilleures, et ce n'était pas un facile ouvrage. Cette patience dont je te parlais tout-à-l'heure triompha des obstacles; mais ce ne fut sans doute qu'après une foule d'essais infructueux. Quand on eut enfin découvert l'art de forger le fer, et qu'on put, à l'aide d'instruments grossiers, il est vrai, mais solides, remuer la terre qu'on n'avait jusque-là creusée qu'avec des peines infinies, ce fut un bien grand pas, et l'agriculture, la première de toutes les sciences utiles, puis-qu'elle fournit à l'homme son pain de chaque jour, fit un immense progrès.

A ce seul travail se bornèrent longtemps les efforts de l'homme ; mais insensiblement de nouveaux besoins se firent sentir et les relations commerciales s'établirent. Toutefois, le commerce dont nous parlons n'était qu'un échange, et longtemps encore après le déluge, il n'en existait pas d'autre. Quand Dieu eut permis à l'homme d'ajouter la chair des animaux aux fruits de la terre, qui jusque-là avaient été son seul aliment, il y eut des pasteurs comme il y avait des laboureurs, et l'Écriture ne nous dit pas que les patriarches aient jamais été autre chose. Et c'était tout simple. Se regardant en ce monde comme des voyageurs, ils ne songeaient à s'y procurer rien que le nécessaire, et ces deux professions n'ont rien perdu de leur utilité.

Sully, le digne ministre du bon roi Henri IV, avait coutume de dire: « Le labourage et le pâturage sont les deux mamelles de la France. » Avant lui, Louis IX, un héros et un saint, dont l'histoire est fière comme la religion, défendait aux gens de guerre, sous les peines les plus sévères, toute injure ou tout mauvais traitement envers ceux qui cultivaient la terre. Il leur accordait la protection la plus paternelle et les tenait en très-haute estime.

Si le soldat défend la patrie, le laboureur la nourrit, et les travaux auxquels il se livre ont toujours été en honneur chez les peuples sages et puissants. Témoin le peuple romain, dont les dictateurs et les consuls quittaient l'épée pour la charrue.

Émile écoutait son père avec beaucoup d'attention ; heureux de voir son choix justifié par tant d'illustres témoignages, il avait peine à contenir sa joie. M. Guérin le remarqua et sourit.

— Te voilà bien fier, dit-il en lui frappant sur la joue.

— Oui, papa, répondit l'enfant ; crois bien pourtant que, quand la profession que je veux embrasser n'eût pas été regardée comme tu me le dis, je l'aurais trouvée utile et honorable, puisque toi aussi tu t'y es livré.

— Je sais que tu es un bon et brave enfant, et que tu ne laisses jamais échapper l'occasion de me parler de ta tendresse.

— C'est mon bonheur et, comme je suppose que cela ne te fait pas de peine, cher petit père, je dis ce que je peux.

M. Guérin embrassa Émile et reprit :

— Nous avons dit que, pour retourner, bêcher, labourer la terre, il a fallu trouver des instruments plus forts que la terre elle-même, il a fallu du fer. Sais-tu où se trouve le fer, mon ami ?

— Dans les entrailles de la terre , comme tous les autres métaux.

— Ainsi il a fallu l'en extraire , laver le minerai et , après l'avoir dégagé des parties terreuses , le soumettre à l'action du feu ; mais , avant tout cela , il a fallu concevoir l'idée de ces différentes opérations , et c'est grâce à l'esprit d'invention dont l'homme est doné que s'est accomplie cette découverte , comme toutes celles dont nous jouissons aujourd'hui sans y songer , comme toutes celles qui étonneront un jour nos descendants. Cependant il est probable que cette idée première aura été donnée aux hommes par la rencontre d'une partie de métal moins mélangé de terre que celui qu'on trouve ordinairement.

— Je n'ai jamais pensé à ce qu'ont dû coûter de travail et de recherches les outils dont nous nous servons tous les jours, et tu as bien fait, mon bon père , de m'y faire songer ; car il y a presque de l'ingratitude à jouir de ce qu'ont si laborieusement trouvé les autres , sans seulement rendre justice à leur patience et à leur génie.

— Ta réflexion est assez juste, mon ami, et elle peut s'étendre à une multitude de choses ; nous sommes tous plus ou moins ingrats, non-seulement envers nos devanciers, mais envers le Créateur de l'univers ; car l'habitude nous rend insensibles à toutes les merveilles dont sa paternelle bonté a pris soin de nous entourer. Mais revenons à notre sujet. Dans l'enfance du monde, la terre et les animaux étaient la propriété commune de tous les hommes. Dans certaines parties de l'Afrique et de l'Amérique, chez tous les peuples sauvages, il n'y a encore aujourd'hui nulle propriété particulière, et il est à remarquer que ces contrées manquent de culture et que, malgré l'étonnante fertilité du sol, leurs habitants n'ont pour vivre que le strict nécessaire. C'est ce qui avait lieu aussi dans les premiers âges du monde ; mais aussitôt que l'homme put jouir de la propriété exclusive d'un terrain, et en sut le produit assuré à sa famille, il s'empressa de le cultiver, de l'ensemencer, d'y faire des plantations, qu'il visitait et dont il suivait le progrès avec le plus grand intérêt.

Il ne craignit plus la fatigue qu'il avait redoutée quand il travaillait pour la communauté, et le désir de faire mieux que son voisin vint encore alléger sa tâche.

— Je comprends très-bien cela. Ainsi, j'aime à t'aider dans les travaux que nécessite notre jardin ; mais j'ai beaucoup plus de plaisir à cultiver le petit coin que tu m'as donné en propre, et quand je réussis à avoir de plus belles fleurs ou de plus beaux fruits que les tiens, j'en suis enchanté. J'ai ma part de toute la récolte du jardin, il est vrai ; mais ce carreau-là est plus particulièrement mon bien.

— A merveille. Tu reconnais donc que, la propriété individuelle étant garantie par les lois, cette sécurité a dû faire faire de grands progrès à l'agriculture. Il en a été de même de l'industrie et de la civilisation. Regarde toutes ces terres ; elles appartiennent à vingt maîtres, à cent maîtres différents peut-être ; nous avons un champ ici, un autre là-bas, un autre encore plus loin ; ces champs sont enclavés dans d'autres propriétés ; on y voit ni haies, ni clôtures d'aucune sorte, et

si la loi ne garantissait pas à chacun le morceau qu'il a payé de ses sueurs , il serait à
craindre que plus d'un de ces morceaux ne
disparût , sous les empiétements des autres.

— Mais ce serait un vol , dit Émile.

— Assurément. Ce vol est rare ; mais
quelquefois cependant il a lieu , et celui qui
se trouve lésé a recours alors à l'arpentage et,
ses titres en main , se fait restituer ce qui
lui appartient.

On appelle terres arables celles qui sont
employées à la culture des grains, et prairies
ou pâturages celles qui servent à la nourriture du bétail. Les terres sont divisées en
terres argileuses, limoneuses, calcaires, sablonneuses , gravières et marécageuses. Les
terres argileuses et limoneuses se nomment
terres fortes ; les terres sablonneuses s'ap-
pellent terres légères. Quand il y a dans le
sol surabondance d'une de ces matières, ce
sol est stérile : quand , au contraire , il est
composé de différentes terres , en mélange
proportionnel , et de débris d'animaux et de
végétaux, il est fertile.

Notre globe est composé de minéraux , de

terres, de végétaux et d'animaux. Les minéraux, par l'action de l'air, se convertissent
en terres ; les terres, par l'action de l'air et
du calorique, produisent des végétaux ; ces
végétaux servent à la nourriture des animaux. Ces derniers retournent à la terre et
produisent des végétaux, qui servent à élever
de nouvelles générations d'animaux, sans
que ce cercle admirable d'existences soit
jamais interrompu.

La fertilité d'un sol s'épuise à la longue ;
c'est pourquoi le cultivateur intelligent a
soin de rendre à la terre, sous différentes
formes d'engrais, le principe nutritif dont
elle finirait par manquer. Peut-être est-ce
l'ignorance de ce fait qui a transformé en
déserts arides certaines contrées jadis connues par leur fertilité.

S'il est positif que sans fumier il n'y a pas
de récolte possible, il faut que le laboureur
ait des bestiaux, et comme sans pâturages
il n'y a pas de bétail, les prairies doivent
être de sa part l'objet d'une attention particulière. Nous parlerons plus tard du moyen
d'en créer où il n'en existe pas, et d'aug-

menter le produit des anciennes. Je compte sur toi pour me le rappeler si je venais à l'oublier.

— Sois tranquille, mon père, j'y penserai. Je sais déjà bien d'ailleurs que les prés sont la principale richesse du laboureur, parce qu'ils ne demandent ni semence ni culture, choses qui coûtent quelquefois plus qu'elles ne rapportent.

— Bien, bien ! voilà l'avantage d'être élevé au village, dit le vieux capitaine ; il y a bien des gens de soixante ans qui sont moins instruits que toi sous ce rapport, et qui seraient fort embarrassés de distinguer un champ de blé d'une pièce d'orge ou de seigle, et qui ne savent pas comment se sème et comment croît le grain qui les nourrit.

Il existe peu de contrées dont le sol réunisse les qualités nécessaires à la végétation ; aussi presque partout l'homme est-il obligé de remédier à ce qu'a fait la nature, et d'avoir recours aux amendements.

Les terres argileuses sont dures et compactes ; les racines des graines s'y déve-

loppent difficilement; les terres sablonneuses
sont trop facilement soulevées par le vent,
entraînées par les eaux, et laissent au soleil
trop d'action sur les plantes qu'elles produisent. En mélangeant le sable à l'argile,
on obtiendra une terre plus solide que la
seconde, plus meuble que la première, et
ce sol nouveau sera beaucoup plus favorable
au développement des racines et à la nourriture de la plante. Malheureusement ce mélange ne peut se faire sur une grande échelle,
sans absorber des sommes considérables que
le laboureur n'a pas souvent à sa disposition, et celui qui a recours aux emprunts
pour faire des expériences prépare sa ruine.
D'ailleurs, l'amélioration obtenue ne dure
que pendant un espace de douze à quinze
ans; le sable, s'enfonçant toujours dans les
couches inférieures, ou étant peu à peu enlevé par les eaux, laissera, au bout de ce
temps, le sol argileux comme il était avant
cette opération. Ce serait donc une folie à
celui qui n'est pas plus riche que nous ne
le sommes, d'entreprendre de tels travaux,
pour en obtenir si peu de résultats.

Mais il y a d'autres moyens de modifier les diverses espèces de terre et de les rendre productives. La plus grande partie du sol de la France est argileuse, froide et humide ; en le creusant, on rencontre cette terre glaiseuse dont on se sert pour fabriquer la tuile et la brique. Ces terrains ont besoin d'être échauffés pour devenir fertiles ; la marne et la chaux obtiennent ce résultat, et, comme presque partout la Providence a placé à la portée de l'homme les choses dont il a besoin, ces pays renferment en quantité la marne calcaire, le meilleur de tous les amendements. Il faut ordinairement de vingt à vingt-cinq mètres cubes de marne par hectare, et si les marnières sont fort éloignées du terrain que le cultivateur veut amender, ce procédé devient dispendieux ; alors la chaux peut remplacer la marne ; mais il faut l'employer avec modération et plutôt dans les terres fortes ou granitiques que dans les terres légères, de crainte qu'elle ne détruise les débris des végétaux, qui font la fertilité de ces terrains.

Beaucoup de cultivateurs se préoccupent

bien plus de la quantité de fumier qu'ils ont à mettre sur leurs champs que de la qualité de ce fumier et du rapport que l'engrais doit toujours avoir avec la nature du sol qu'il est appelé à fertiliser. C'est un tort ; car il est évident que les terrains brûlants ont besoin de fumier froid , tandis que le fumier chaud est nécessaire aux terrains froids et humides.

— Je connais encore cela , dit Émile. Le fumier de mouton , par exemple , conviendrait aux terrains froids , et le fumier de vache aux terrains chauds. Il me semble , puisqu'il en est ainsi , que , dans les pays où le sol est froid , les cultivateurs devraient entretenir de grands troupeaux de moutons , et , dans les autres , nourrir beaucoup de bœufs et de vaches.

— Si la chose était possible , ce serait assurément le moyen le plus sûr et le moins coûteux de modifier la nature des terres ; mais le pâturage des terrains humides ne convient pas aux bêtes à laine, tandis que le gros bétail y réussit à merveille. Il faut donc avoir recours à un autre expédient. La chimie l'a trouvé. On peut transformer un fumier froid en fumier chaud, au moyen d'une certaine quantité de salpêtre, de potasse, de sel de cuisine et de chaux, et l'on fait d'un fumier chaud un fumier froid, par un mélange de sel, de potasse, de plâtre et d'argile. On peut remplacer la potasse par de la cendre de bois, employée en grande quantité. La proportion à garder dans ces différents mélanges est indiquée par la nature du terrain qu'on veut modifier. L'expérience est en cela, comme en toutes choses, le meilleur guide à consulter. Ces diverses matières sont déposées dans une fosse, enduite de ciment ou d'argile et placée au bas du fumier, afin d'en recevoir les eaux. On les agite pour qu'elles s'y dissolvent, et l'on a soin d'en arroser pendant plusieurs jours le tas de fumier et de l'employer presque aussitôt.

Les cultivateurs n'ont généralement pas assez de soin de leurs fumiers, et ceux que produisent leurs étables perdent beaucoup de leur valeur par suite de cette négligence. Les gaz utiles à la végétation s'évaporent par

la fermentation , qu'on empêcherait en arrosant les fumiers avec de l'eau dans laquelle
on aurait fait dissoudre du sulfate de chaux ,
plus connu sous le nom de plâtre. Cette sub-
stance ne coûte pas cher , et si la peine d'arroser semble trop grande au laboureur , il
peut encore mettre de temps en temps du
plâtre en poudre sur ses fumiers , et re-
commander qu'on y jette les eaux de la
maison.

Il entre dans la composition des plantes
des éléments divers qu'il faut qu'elles trouvent dans les engrais , si le sol ne les leur
fournit pas. Ces éléments sont la potasse,
la soude , la chaux , la magnésie , le fer et la
silice. Le fumier de ferme est préférable à
tous les autres engrais , parce qu'il est composé de végétaux , de sels , de parties grasses,
qui se sont unies et ont fermenté. Cependant, on peut faire du fumier sans bestiaux,
et la preuve que les cultivateurs croient la
chose possible , c'est qu'ils ajoutent souvent
à leurs fumiers des feuilles sèches, des pailles,
des roseaux qu'ils laissent pourrir. On pourrait étendre avec fruit cette méthode. Ainsi,

il existe des terres incultes, **couvertes de
bruyères,** d'arbustes, de roseaux; en coupant ces plantes, en les entassant, en les
arrosant d'une lessive composée de salpêtre,
de cendres, de plâtre, de suie, et de fumiers d'animaux délayés, on obtiendrait,
à peu de frais, une quantité considérable
d'engrais.

Le laboureur qui, n'obtenant qu'à force
de travail et de sueurs la récolte qu'il
attend, ne devrait rien négliger de ce qui
peut rendre cette récolte assurée et abondante, perd beaucoup par sa faute. Ainsi,
dans les fermes où il y a de grands troupeaux
de moutons, quand arrive le moment de la
tonte et du lavage des laines, l'eau qui a
servi à ce lavage n'est presque jamais employée, et cependant elle contient beaucoup
de graisse; car les laines y perdent la moitié
de leur poids. Si l'on prenait la peine de
jeter cette eau sur le fumier, on en tirerait
bon profit. Les eaux de savon, les chiffons,
les vieux souliers sont aussi fort bons pour
l'engrais; il en est de même des eaux de
vaisselle. Toutefois, on les emploie avec

plus d'avantage encore à la nourriture des
porcs, qui sont la grande ressource de nos
campagnes.

Les engrais, quelle qu'en soit la qualité,
ne suffisent pas à fertiliser un sol ingrat ;
il faut y joindre la culture. En labourant
souvent, on échauffe le terrain et l'on y
multiplie l'action de l'air, nécessaire au développement des principes végétaux. J'ai ouï
dire quelquefois que la sueur de l'homme
est le meilleur engrais ; aussi le champ du
paresseux, quoiqu'il ne manque ni de soleil
ni de pluie plus que celui de son voisin,
ne rapporte presque rien, quand l'autre est
couvert d'une abondante récolte.

> Travaillez, prenez de la peine,
> C'est le fonds qui manque le moins,

dit en souriant le jeune Émile, qui n'avait
cessé d'écouter M. Guérin avec la plus
grande attention. La Fontaine avait donc
raison, mon bon père.

— La Fontaine a dit beaucoup de vérités,
et celle-là n'est pas la moins utile. Le la-

boureur ne peut rien conseiller de mieux à ses enfants que ceci :

> Creusez , fouillez, ne laissez nulle place
> Où la main ne passe et repasse.

Et chaque père devrait répéter souvent à sa famille la fin de cette fable, que nous sommes tous portés à oublier : Le travail est un trésor.

# III.

Émile prenait goût aux leçons de son père, et plus d'une fois, pendant la journée, il s'entretenait avec lui de ce qu'il avait appris le matin, lui demandant quelques nouvelles explications ou le priant de lui rappeler quelque détail qu'il n'avait qu'imparfaitement retenu. M. Guérin le voyait avec plaisir s'intéresser à ce qu'il lui enseignait, et, l'espérance de garder auprès de lui ce cher enfant, lui ayant enlevé son plus cruel souci, sa tristesse paraissait moins grande et sa préoccupation moins profonde. Parfois

Émile le trouvait presque gai, et la joie
qu'un sourire du capitaine donnait à cet
enfant ne peut se décrire.

— Oh ! que j'ai bien fait, disait-il, de ne
pas vouloir me séparer de mon père ! Il en
serait mort, c'est certain.

Peut-être M. Guérin ne fût-il pas mort ;
c'était un homme courageux et une forte
nature ; mais il eût beaucoup souffert assurément, moins d'être privé des caresses de
son fils que de le sentir exposé sans guide à
toutes sortes de dangers : Il redoutait beaucoup pour les jeunes gens le séjour des
villes, où, sous le spécieux prétexte de ter-
miner leurs études, ils perdent leur temps,
l'argent laborieusement amassé par leurs
parents et, perte plus irréparable encore, les
bons principes qu'on s'est efforcé de graver
dans leurs cœurs. Il était donc heureux de voir
Émile à l'abri de ce péril et comptait beaucoup sur la docilité de cet enfant à écouter
ses conseils pour en faire un homme loyal et
vertueux. Il se réjouissait aussi de le voir
décidé à travailler ; car il savait que rien ne
préserve la jeunesse des écarts auxquels elle

se livrerait, comme le travail courageusement embrassé.

Aussi il souriait à l'impatience d'Émile, qui, si on l'eût écouté, eût commandé sans retard une charrue, acheté des bœufs et cherché une clientèle.

— N'allons pas si vite, lui disait-il; quand je n'aurai plus que peu de choses à t'apprendre, je tâcherai de me rappeler pour toi mon premier métier; nous achèterons tout ce qu'il nous faudra, sois tranquille, et pendant deux ou trois ans je dirigerai la petite ferme, afin de t'habituer à joindre la pratique à la théorie. D'ailleurs, il y a beaucoup de savants traités d'agriculture que tu feras bien d'étudier et que tu consulteras avec plus de profit que je ne le ferais moi-même. A mon âge la mémoire est rebelle, tandis qu'au tien elle se prête à tout sans effort. Tu me feras part des procédés indiqués dans ces traités, je t'en donnerai mon avis, et, s'ils ne sont pas trop impraticables pour notre bourse, nous les essaierons; car, vois-tu, nous n'accueillerons pas tout sans examen et nous ne ferons pas de folies. Il ne faut pas être routinier, c'est-à-dire qu'il ne faut pas s'obstiner à faire ce qu'ont fait les anciens, s'il est démontré qu'une nouvelle méthode soit plus avantageuse; mais il ne faut pas non plus mépriser tout ce qui n'est pas d'invention récente, et souvent les essais coûtent fort cher.

On doit toujours chercher le progrès; mais on ne doit pas oublier non plus qu'on ne peut avancer que pas à pas, et la culture ne donne pas des bénéfices assez considérables pour qu'on sacrifie à une expérience les épargnes qu'on peut avoir faites; c'est d'ailleurs un placement toujours douteux que celui qui est soumis au caprice des saisons, et qu'un orage peut engloutir. Nous irons donc bien doucement, recueillant tout ce qui nous semblera bon, mais ne l'appliquant en grand que quand nous en aurons fait l'essai à peu de frais. Puis nous aurons soin de ne pas nous charger de plus de besogne que nous n'en pourrons faire. Les Carthaginois, nation industrieuse et bonne à consulter pour tout ce qui concerne l'intérêt, avaient coutume de dire : Il faut que la

terre soit moins forte que le laboureur. Et
ils avaient raison ; car si le travail excède
les forces, soit corporelles, soit pécuniaires,
de celui qui doit l'accomplir, tout va mal.
Beaucoup de terres demandent plusieurs
charrues, plusieurs domestiques, un grand
nombre de bestiaux et beaucoup de semence.
Si l'on fait plus de dépenses qu'on ne peut,
on se ruine, tout en se donnant de la peine.

D'ailleurs, comme nous l'avons dit déjà,
un petit champ bien cultivé rapporte beaucoup plus qu'un grand qui le serait mal, et
cela me rappelle l'histoire d'un affranchi romain dont parle Pline.

Cet homme possédait quelques terres peu
considérables, et ses voisins, beaucoup plus
riches que lui, voyaient chaque année avec
une extrême jalousie sa récolte surpasser la
leur. Ils ne songèrent point à s'accuser eux-
mêmes de cette différence ; car il est dans
notre nature de ne pas vouloir reconnaître
nos torts ; ils aimèrent mieux supposer que
cet affranchi avait, par quelques opérations
magiques, attiré dans son champ la fertilité
des leurs, et ils le sommèrent d'avoir à rendre

compte devant qui de droit du préjudice qu'il leur causait. Cet homme, quoique bien innocent, craignait cependant de perdre son procès; car ses adversaires étaient puissants. Après avoir longtemps réfléchi à ce qu'il devait faire, il se décida à faire paraître dans le Forum une robuste servante qui l'aidait dans ses travaux, à y porter ses instruments de culture, qui étaient solides et pesants, à y conduire ses bœufs, les plus beaux qu'on pût voir, et, s'adressant au peuple, il s'écria : « Voilà, Romains, en quoi consistent mes sortiléges ; mais il y manque mes méditations, mes veilles et mes fatigues, que je ne puis traduire à votre tribunal. »

Chacun alors s'expliqua les succès de l'affranchi, et il fut acquitté tout d'une voix.

— Il méritait mieux que cela, dit Émile, et il me semble que ce n'était pas assez de le renvoyer absous, on devait le récompenser.

— Peut-être le fit-on. Mais si l'on y manqua, il n'en fut pas moins récompensé par l'honneur que lui valut cet étrange procès.

— Tu m'as parlé hier, mon bon père, des différentes natures du sol ; voudrais-tu me dire laquelle est la meilleure ?

— Je t'ai dit, mon enfant, que la meilleure terre serait celle où le sable, l'argile et la matière calcaire entreraient dans la proportion convenable ; mais j'ai ajouté qu'il est assez difficile de remédier à la constitution du sol et que c'est impossible à celui qui n'a pas de grands capitaux à risquer. Toutefois, en amendant le sol par des engrais appropriés à sa nature, on le rend fertile. Celui qui offre le plus de ressource au cultivateur, c'est le sol calcaire ; car la science a reconnu que les tissus des plantes sont en grande partie formés de carbonate de chaux ; aussi les terrains calcaires produisent en abondance toutes sortes de céréales, de la luzerne et du sainfoin. Ils peuvent donc être ensemencés ou transformés avec avantage en prairies artificielles ; mais ils sont moins favorables que les terrains argileux ou sablonneux à être convertis en prairies naturelles, parce qu'ils demandent une très-grande quantité d'eau.

Les terres argileuses, conservant bien l'humidité, sont propres à ce dernier emploi. C'est dans cette classe de terrains qu'il faut ranger le sol de la plus grande partie de la Lorraine ; c'est pourquoi elle abonde en pâturages.

— L'eau est donc absolument nécessaire aux prairies ?

— Oui ; mais s'il en faut, il n'en faut pas trop, et les herbages situés dans les lieux bas et humides, où l'eau séjourne, produisent un foin de mauvaise qualité, entremêlé de roseaux, et que souvent le bétail refuse de manger. Il faut remédier à cet inconvénient en saignant le pré, c'est-à-dire en le coupant de fossés destinés à l'écoulement des eaux stagnantes, et en y renouvelant ce qu'on appelle le poil de l'herbe, au moyen de l'engrais et de toutes les graines que le foin sec laisse sur les greniers.

S'il est important de se rendre compte de la nature du sol qu'on veut cultiver, il est aussi fort utile d'en étudier le sous-sol, c'est-à-dire de s'assurer de la qualité des couches sur lesquelles repose la terre végétale. Beau-

coup de terrains, contenant tous les éléments de fertilité, ne produisent rien, parce
que la mauvaise qualité du sous-sol s'y
oppose. Ainsi, il y a des pays où le sous-sol
est formé d'une argile si compacte, qu'elle
met obstacle à l'écoulement des eaux, et
d'autres où ce sous-sol les absorbe avec tant
de facilité, qu'en été il s'échauffe et brûle
la racine des plantes. Tu sais que la Cham-
pagne est pour le laboureur un pauvre pays ;
eh bien ! c'est à cette dernière cause qu'il
faut l'attribuer.

Quand le sous-sol est argileux, on con-
seille de profonds labours; cependant il
faut, je crois, ne suivre cet avis qu'avec
beaucoup de circonspection; car on risquerait
de ramener à la surface du terrain des glaises
tout-à-fait stériles. Quand, au contraire, le
sous-sol boit trop avidement l'humidité, on
y remédie en le mélangeant d'une certaine
quantité d'argile que les eaux y font descendre peu à peu et qui, à la longue, le
rendent moins perméable. On défonce
quelquefois le sous-sol avec avantage : la
plaine de Vaucluse, renommée pour sa fer-

tilité, était autrefois stérile, une couche d'argile pure, de quelques centimètres d'épaisseur, s'opposant tout-à-fait à l'écoulement des eaux. La cause de cette stérilité une fois reconnue, on a enlevé l'argile et remis le sol en communication avec des couches de terrain plus favorables à la production.

L'eau est l'agent le plus actif de la végétation, et il est facile de s'en convaincre. Pose un oignon de fleur sur un vase plein d'eau, cet oignon poussera des racines, puis, ces racines puisant dans l'eau une nourriture suffisante, la tige s'élèvera, et il en sortira une fleur. Mets de l'orge dans un plat de porcelaine, aie soin qu'elle soit constamment humide, le grain germera et produira une belle verdure.

— J'ai déjà fait la première expérience, jamais la seconde; mais j'ai vu, l'année dernière, ma tante couper une branche de laurier-rose et la placer au soleil, dans une bouteille d'eau. Au bout de quelque temps, cette branche avait des racines; ma tante cassa la bouteille, et mit le laurier-rose dans une petite caisse. Aujourd'hui il est superbe.

— Tu vois donc bien que l'eau est absolument nécessaire à la végétation ; sans eau, les graines jetées en terre ne pourraient se gonfler et germer; mais trop d'eau les pourrirait ; c'est pourquoi nous choisissons, pour ensemencer nos jardins, l'instant où la terre a été arrosée par une bonne pluie, et où tout annonce le retour du beau temps.

En semant plusieurs années de suite dans un terrain des graines de la même espèce, on épuiserait promptement le sol. Il est donc indispensable de varier la succession et de faire un usage alternatif des céréales, des plantes fourragères et des légumes. Cette méthode de varier les récoltes est d'invention récente, et l'on peut dire qu'elle a été un grand progrès en agriculture. Ainsi, au lieu de laisser les terres en friche chaque quatre ans, comme cela s'était toujours pratiqué dans nos pays, on commence à comprendre qu'avec un peu plus d'engrais, on peut se dispenser de laisser les champs en jachère.

Quand un terrain a été bien fumé, et suffisamment labouré, on y sème du blé;

l'année suivante on y met de l'orge, puis de l'avoine, et la quatrième année on y plante ordinairement des pommes de terre. Le trèfle, la vesce, les pois, la fève forment aussi un assolement favorable aux terres fortes. On appelle assolement l'art de faire succéder les récoltes les unes aux autres.

L'agriculture est beaucoup moins avancée dans notre Lorraine que dans plusieurs autres parties de la France, telles que l'Alsace, l'Auvergne, les rives de la Garonne, l'Ile-de-France et le pays de Caux. Dans ce petit pays, l'un des plus riches et des plus fertiles qu'on puisse trouver, jamais on ne voit un champ en jachère. Le trèfle, la vesce, la betterave y sont employés comme assolement, ainsi que le colza, qui y devient d'une force et d'une beauté rares.

Il faut attribuer à la variété d'assolements employée aujourd'hui la diminution remarquée dans la quantité de blé récoltée depuis quelques années; autrefois, trois ans seulement s'écoulaient entre deux de ces récoltes, tandis qu'il y a maintenant des cultivateurs qui ne sèment du blé que chaque cinq ou six ans.

— Pardonne-moi de t'interrompre, petit père ; mais tu as dit tout-à-l'heure que l'invention de l'assolement est un progrès, et cependant il me semble que, si la récolte du blé diminue, c'est un mal ; car le blé est le premier élément de la nourriture des hommes, et s'il en était ainsi pourtant, pour peu que l'on fît encore un pas dans cette voie de progrès, nous risquerions de mourir de faim.

— Ta réflexion ne manque pas de justesse, mon enfant. Il est certain que la production du blé n'est pas en rapport avec la consommation, et que, depuis une cinquantaine d'années, il en a été importé en France pour plus d'un milliard. Cependant, il nous semble à toi et à moi, et nous n'avons pas tort, qu'il serait bon qu'un pays pût se passer de ses voisins ; mais c'est à l'état de se préoccuper de ce soin, et les bénéfices du cultivateur ne sont pas assez considérables pour qu'il ne saisisse pas tous les moyens qui lui sont offerts d'augmenter son revenu.

— Ce n'est donc pas un très-bon métier que celui-là, mon père ?

— On peut le juger diversement, mon ami. Ainsi l'on ne voit pas les cultivateurs faire rapidement leur fortune comme les industriels ; ils travaillent beaucoup, et quand ils ont de l'ordre, de l'économie et qu'ils connaissent leur affaire, s'ils mettent tous les ans quelque chose de côté, ces épargnes sont peu considérables. Mais, pour n'être pas millionnaire, le cultivateur n'en est pas moins heureux. La santé et la gaîté, les deux plus grands biens de ce monde, sont ordinairement son partage, et s'il ne s'enrichit pas promptement, avec de la patience, il arrive toujours à jouir d'une honnête aisance. Il n'a pas beaucoup d'argent ; mais il dépense si peu, qu'il lui en reste encore ; en effet, la terre qu'il cultive et le bétail qu'il élève nourrissent sa famille ; le surplus de sa récolte, ses bestiaux gras, la laine de ses moutons se convertissent en argent ; le beau lin filé par ses filles remplit ses armoires, et les seules dépenses qu'il ait à faire sont plutôt inspirées par la vanité que commandées par la nécessité. Ne crois pas toutefois que, quand je parle de concessions faites à la vanité, je veuille blâmer le laboureur qui se donne un habit de beau drap, qui fait cadeau à sa femme d'un bonnet de dentelle et à sa fille d'une robe de soie. Non, certes; il est trop juste que celui qui travaille se procure, quand il le peut, ce qui lui fait plaisir, et d'ailleurs, comme il faut que tout le monde vive, faire aller le commerce est une bonne chose, quand toutefois chacun se rappelle qu'il ne faut pas outrepasser ses moyens.

— Je comprends cela, mon bon père, et je sais aussi que ceux qui ont le plus d'écus ne sont pas toujours les plus heureux. Ils ont leurs chagrins comme les autres, et M. le curé m'a dit bien des fois qu'il n'y a pas d'existence plus tranquille et plus digne d'envie que celle qu'on passe dans son village, en gagnant sa vie par un travail de tous les jours.

—C'est aussi mon avis; je te souhaite, mon fils, une modeste aisance bien plutôt qu'une grande fortune, et je crois que la profession

que tu choisis pourra te la donner. Tu es
d'ailleurs dans de bonnes conditions pour
réussir : nous avons quelques terres ; ta
mère, qui songeait toujours à ton avenir,
a économisé lentement une somme qui ser-
vira aux premières avances et nous per-
mettra d'acheter encore quelques petites
propriétés, quand une bonne occasion s'en
présentera. Si tu es laborieux et économe,
tu feras donc ton petit chemin sans beaucoup
de peine. Il n'en est pas de même de celui
qui ne possède rien que ses bras et qui se
charge de faire valoir une ferme. Obligé de
payer de fortes rentes, il en viendra à bout
si l'année est bonne ; mais si la récolte
manque, et il ne faut pas grand'chose pour
la faire manquer : des pluies un peu trop
prolongées, une gelée tardive, une grande
sécheresse, un orage, en voilà plus qu'il
n'en faut pour détruire toutes les espérances
du laboureur. Si le propriétaire est juste et
qu'il ait reconnu son fermier pour un honnête homme, il ne le tourmentera pas, il
lui laissera le temps de s'acquitter, et, l'année suivante, tout ira mieux. Cependant il

arrive quelquefois que plusieurs médiocres récoltes se succèdent, ou que la maladie décime le bétail; alors le cultivateur souffre et il a besoin de beaucoup de courage pour ne pas se lasser de travailler. S'il surmonte ces épreuves, sans cesser d'espérer un meilleur succès, ce succès ne lui fera pas défaut; car il faut toujours que le travail trouve sa récompense; mais s'il se laisse aller à la négligence et au découragement, s'il laboure à regret son champ, si, craignant que la semence qu'il y jette ne soit perdue, il la distribue d'une main avare, s'il n'apporte pas à toutes choses le même soin que jadis, il ne se relèvera pas, et dans peu de temps sa ruine sera complète.

— Surtout si, pour faire diversion à ses chagrins, dit Émile, il prend l'habitude de fréquenter les cabarets, comme a fait, il y a quelques années, ce pauvre Bertrand, dont on a vendu, dimanche dernier, les champs et la maison.

— C'est bien triste, reprit M. Guérin en soupirant, et c'est une sévère leçon dont devraient profiter tous ceux qui se sentent

portés à abandonner leur travail et à chercher de semblables distractions. Tu sais que
j'ai pitié de Bertrand et que, tout en condam-
nant sa conduite, je plains sincèrement son
sort ; cependant je ne puis m'empêcher de
dire que si, après les premiers malheurs qui
l'ont frappé, il eût continué de travailler,
d'être sobre et rangé, il se fût relevé peu à
peu ; car on l'estimait, on l'aimait, et c'était
un si fort ouvrier, que jamais il n'eût manqué de besogne. Ce qui est arrivé à Bertrand
se voit fréquemment, non-seulement parmi
les cultivateurs, mais dans toutes les classes
de la société : l'homme qui manque d'énergie pour lutter contre le malheur est infail-
liblement perdu, tandis que celui qui, en
dépit de la mauvaise fortune, reste plein de
bonne volonté, parvient à sortir de l'ornière
et souvent à reconquérir une position plus
brillante que celle dont il avait d'abord joui.
Mais nous voici bien loin du sujet que nous
traitions. Où donc en étions-nous ?

— Oh ! sois tranquille, père, je le sais
bien, moi. Tu disais que, s'il manque beaucoup de blé pour que la production soit égale

à la consommation, on doit en partie attribuer cela à l'assolement.

— On doit dire aussi que, la population
s'étant beaucoup accrue depuis l'époque de
laquelle datent les calculs que je t'ai cités, il
eût fallu, pour que la production fût en rapport avec la consommation, que la culture
du blé s'accrût au lieu de diminuer. Mais si
l'on a défriché beaucoup de bois, beaucoup
de terrains stériles, on a étendu la culture
des plantes fourragères, celles des graines
oléagineuses et des espèces textiles.

— Voilà deux mots que je comprends parfaitement; le troisième m'est tout-à-fait inconnu. Les plantes fourragères servent à la
nourriture du bétail; les graines oléagineuses
sont celles qui produisent de l'huile; mais je
voudrais bien que tu eusses la bonté de me
dire ce qu'on entend par espèces textiles.

— Ce sont les plantes qui fournissent les
tissus : ainsi le chanvre et le lin.

— Comment ne l'ai-je pas deviné? En vérité je suis un étourdi, quoique je me vante
quelquefois d'être raisonnable.

— Allons, dit en souriant le vieux capitaine, péché avoué est à moitié pardonné. Depuis que l'on a inventé des machines à filer le lin, il a fallu fournir un aliment à leur activité ; car ces machines fabriquent le fil bien autrement vite que ne pourraient le faire les plus habiles fileuses de la terre.

— Le fil qui sort de ces manufactures est beaucoup moins bon que notre fil de ménage, n'est-ce pas, mon père ? car j'entendais l'autre jour ma nourrice dire à un colporteur qui lui en offrait : Je n'ai pas besoin de votre toile à la mécanique ; ce n'est que de la charpie.

— Elle est moins bonne en effet ; mais elle est plus fine, plus blanche, et se paie moins cher ; ce qui, pour les gens des villes, est un avantage. Beaucoup d'entre eux ne voudraient pas se servir de notre gros linge et préfèrent le renouveler un peu plus souvent. Puis, comme toutes les inventions récentes, celle-ci est encore incomplète, et il faut espérer qu'elle recevra toutes les améliorations désirables. J'ai entendu dire, il y a peu de temps, qu'on avait trouvé, dans une des opérations nécessaires à cette fabrication, le moyen d'éviter l'action du feu, qui causait un grand préjudice à la qualité de la matière textile. Je puis me servir de ce mot maintenant.

— Tant que tu voudras. Mais dis-moi, mon bon père, que feront les femmes de nos campagnes pendant les longues veillées d'hiver, si les toiles à la mécanique viennent à l'emporter sur les nôtres?

— Elles continueront de filer pour leur maison, mon ami; elles tricoteront, elles coudront; d'ailleurs, il y a déjà longtemps qu'on ne trouve presque plus dans le commerce de toiles filées à la main, il n'en sort que bien rarement de nos villages, et quand une fileuse plus active ou plus nécessiteuse que les autres veut vendre sa *telée*, elle trouve toujours à la placer sans aller jusqu'à la ville.

— C'est donc, à tout prendre, une bonne chose que ces machines qu'on invente chaque jour?

— Sans doute, mon enfant, puisqu'elles économisent le temps, qui est le plus riche des capitaux.

— Pourtant, mon père, quand Pierre Morin a fait venir une batterie et un vanneur, on a beaucoup crié contre lui ; je m'en souviens.

— Je ne l'ai pas oublié non plus. A entendre nos paysans, ces machines étaient leur ruine, elles coupaient les bras aux ouvriers et ils n'avaient pas assez de reproches à faire à ceux qui les introduisaient dans le pays. C'était un tort, et l'expérience s'est chargée de le prouver. La première année, peut-être, les batteurs en grange ont souffert ; mais bientôt on a trouvé à les occuper autrement ; le temps qu'on mettait autrefois à battre, on l'emploie à labourer, à fumer les terres, à les ensemencer ; les champs mieux cultivés rapportent davantage, et comme un pays s'enrichit de ce qu'il produit, ces machines qu'on a si mal accueillies contribueront à notre prospérité.

— Il est certain que celui à qui elles appartiennent y gagne : Pierre Morin bat tout le blé du village.

— Et les autres y gagnent aussi, mon enfant : d'abord, il en coûte moins à chacun

pour faire battre ses gerbes, et, cette dépense étant moins grande, on peut employer
à d'autres travaux les bras rendus inutiles
par ces découvertes. Mais il ne faut qu'avec
une grande réserve croire ceux qui se plai-
gnent de ne trouver rien à faire ; car la plupart sont des paresseux auxquels on offrirait
en vain du travail, ou des gens auxquels on
n'oserait se fier. Quand on est probe et courageux, on ne manque pas de travail, dans
nos campagnes surtout ; car la terre a toujours besoin de bras. Mais voici notre déjeuner, mon cher enfant. A demain la leçon.

# IV.

— Voici une lettre de Paris, mon père, dit Emile, qui avait couru au-devant du facteur, en le voyant entrer dans le jardin.

— De Paris? fit M. Guérin; mais je n'en attends pas. N'importe! donne-la, mon enfant.

Le capitaine la parcourut deux fois sans rien dire; puis il la passa à son fils. Voici ce qu'elle contenait :

« Mon vieil ami, je suis ruiné! Le notaire chez lequel j'avais placé ce que je possédais vient de quitter la France en laissant

six cent mille francs de déficit. Il me reste
ma pension de huit cents francs ; avec cela je
ne pourrais vivre à Paris ; mais je vivrai encore honorablement dans un village. Je me
suis rappelé aussitôt ton adresse, et si mon
voisinage ne t'est pas trop désagréable, loue-
moi une maison avec un petit jardin et j'irai
me fixer auprès de toi. Nous parlerons quelquefois du vieux temps, qui pour nous était
le bon temps ; car nous étions jeunes alors.
Ne crains pas que je t'attriste de ma mauvaise humeur ; je suis un peu philosophe et,
n'ayant ni enfants ni proches parents, je
n'ai pas tardé à me consoler de ma ruine.
D'ailleurs, quand on a fait la guerre par
toute l'Europe, à la suite du *petit caporal*,
on en a vu assez pour ne pas se trouver trop
rechangé si l'on n'a pas toutes ses aises. Dès
que tu auras mon affaire, tu m'écriras, et
trois jours plus tard, j'aurai le bonheur de te
serrer la main et d'embrasser ton cher petit,
dont je ne me rappelle plus le nom ; ce qui
ne m'empêche pas de l'aimer de tout mon
cœur.

« LOUIS. »

5.

— Serait-ce ce bon M. Louis, ton camarade de lit pendant douze ans ? demanda Emile.

— Lui-même.

— Quel bonheur ! Ce sera une grande distraction pour toi, mon bon père.

— Ainsi, tu te réjouis de la ruine de mon ami, parce que le dommage dont il souffre va nous devenir avantageux ?

— C'est ce qu'on appelle de l'égoïsme, n'est-ce pas, mon père? dit Emile en riant. Mais écoute, tu n'as pas le droit d'être bien sévère ; car si je t'aimais moins, je n'aurais pas appris avec tant de plaisir la mauvaise nouvelle renfermée dans cette lettre. Toutefois, puisque M. Louis est déjà consolé, je puis bien ne pas m'affliger plus que lui du malheur qui lui est arrivé.

—Tu as raison, et j'avoue que je te cherchais une querelle sans motif; je connais Louis, il sera plus heureux ici qu'il ne l'a jamais été, et s'il eût voulu suivre mon conseil il y a dix ans, il aurait conservé et augmenté sa petite fortune.

— Puis-je te demander quel était ce conseil ?

— Je l'avais engagé à faire alors ce à quoi il se décide aujourd'hui. Je voulais qu'il achetàt ici une petite maison, de beaux prés, une bonne vigne, et qu'il y vécût heureux. Il a préféré placer son argent et rester à Paris, et comme je n'avais aucun droit sur lui, j'ai dû renoncer au plaisir que je me promettais de sa société.

— Je suis sûr qu'il s'en souvient et qu'il regrette bien de ne pas t'avoir écouté.

— Aussi ne lui en ferai-je point de reproches et me garderai-je bien de lui rappeler que j'avais raison. Cela ne remédierait à rien et pourrait lui faire de la peine.

— Te souviens-tu de ce que tu m'as répondu hier quand je t'ai demandé si le labourage est un bon métier ? Tu m'as dit que, s'il n'offrait pas de grandes chances de fortune, il avait l'avantage de la sécurité. Si j'avais hésité à te croire, cette lettre serait une preuve de ce que tu as avancé.

— C'est ce qui maintient au bien-fonds une haute valeur, quoiqu'il rapporte fort

peu, surtout à celui qui ne se charge pas de
le cultiver lui-même. Ce qui est inappré-
ciable surtout dans la position de l'agricul-
teur, c'est qu'il n'a ni les soucis ni les embarras dans lesquels se consume la vie de
l'industriel et du négociant. Ceux-ci, toujours menacés par la concurrence, ont à se
préoccuper sans cesse de lui tenir tête. Il
faut que l'industriel s'empresse d'adopter les
machines, et mette en œuvre les procédés
nouveaux, s'il veut se tenir au niveau du
mouvement qui s'opère ; il faut qu'il produise assez pour satisfaire à toutes les com-
mandes et qu'il ne produise pas trop si
l'objet à la fabrication duquel il se livre est
sujet à passer de mode. Il faut que le négociant s'assortisse avec un soin extrême, qu'il
saisisse le moment de faire ses achats, qu'il
baisse à temps ses prix, afin de ne pas laisser
la vente à ses voisins, qu'il se préoccupe de
ses échéances et qu'il s'efforce de plaire au
public auquel il a affaire. De plus, il leur faut
à l'un et à l'autre des capitaux qui souvent se
trouvent fort compromis. Le laboureur, au
contraire, peut, s'il a de bons bras et du

courage, commencer avec peu de chose ; il n'a pas à redouter de concurrence, n'a pas à s'inquiéter du placement de sa marchandise. Quoiqu'il puisse arriver, quelque révolution qui ébranle la société, quelle que soit la forme du gouvernement qui en sorte, on mangera toujours. Enfin, il n'est pas obligé de plaire à tout le monde, et tandis que le marchand est le très-humble serviteur de celui à qui il vend, le laboureur n'obéit qu'à la nature, le plus grand maître après Dieu.

— Tout cela est bien vrai, mon bon père, et je ne comprends pas comment cette profession si paisible et si indépendante n'est pas plus recherchée.

— Veux-tu que je t'en dise la raison ? C'est que l'orgueil et l'amour des richesses se sont emparés de presque tous les cœurs ; c'est qu'on veut arriver promptement à la fortune et aux honneurs ; c'est qu'on rougit de se livrer à un travail corporel, de porter des vêtements grossiers et d'habiter une simple demeure ; enfin, c'est que chacun se croit trop d'esprit et trop de talent pour rester courbé vers la terre et aspire à obtenir une place qui l'élève au-dessus des autres. Je lisais, il y a quelque temps, dans un journal, que bientôt personne ne voudrait plus travailler et que, tous se croyant le droit d'être employés par le gouvernement, il n'y aurait plus que des administrateurs et point d'administrés.

— C'est peut-être un peu exagéré ; pourtant, d'après ce que tu me dis, cela ne manque pas tout-à-fait de vérité. Mais, va, je ne pense pas comme tous ceux dont tu parles, mon père, et je t'ai vu si paisible et si heureux autrefois, quand ma bonne mère vivait, que je ne désire pas un autre genre d'existence que le tien.

— C'est celui auquel on revient toujours quand on a pu l'abandonner. L'homme qui a été élevé au village, qui y a vécu, aime à y passer ses dernières années et à y mourir. Aussi je vais, dès aujourd'hui, me mettre en quête d'une maison pour Louis, qui, j'en suis sûr, attend impatiemment ma réponse.

— S'il en est ainsi, pourquoi ne mettrais-tu pas ma chambre à sa disposition ? Il pour-

rait venir tout de suite et choisir lui-même
une habitation qui lui convînt. En attendant,
je m'installerai dans ce cabinet, tout près de
lui : j'y serai à merveille.

— Tu as une excellente idée, et Louis t'en
saura gré. Je vais lui écrire à l'instant. Tu
pourras, pendant ce temps, lire quelques
notes que je viens de retrouver dans une
ancienne livraison du *Magasin pittoresque* :
elles traitent des différents genres de charrues et remplaceront la leçon que je devais
te donner aujourd'hui ; car nous avions à
parler des instruments aratoires, dont le
principal est la charrue.

— Les autres sont la bêche et le râteau
pour le jardinage, la pioche et la râclette
pour la vigne, la herse et le rouleau pour le
labourage.

— Précisément, dit M. Guérin, et il
remit les feuilles qu'il tenait à Émile, qui lut
ce qui suit :

« Les modifications qu'a subies la charrue,
en divers temps et en divers lieux, sont inti-
mement liées aux progrès qu'a fait l'agriculture elle-même. Il y a en effet, entre le rameau

d'arbre ou le crochet de bois grossièrement façonné avec lequel les indigènes de l'Amérique remuent à peine la terre, et les machines compliquées auxquelles les cultivateurs de l'Europe actuelle ajoutent sans cesse de nouvelles pièces, la même différence qu'entre les produits que les uns et les autres savent obtenir de la terre. Aussi de même que l'art agricole avance lentement vers la perfection, de même les outils qui servent aux travaux des champs ne modifient leur structure qu'à de longs intervalles. Il s'est écoulé bien des siècles avant qu'on adaptât à l'informe crochet de bois une pointe ou une armure en fer, qui s'usât moins rapidement et qui lui donnât plus de solidité sous un moindre volume.

« Il fallait qu'on eût auparavant découvert les merveilleuses propriétés des métaux et appris à distinguer ces métaux eux-mêmes, au milieu des substances qui en masquent ou en changent l'aspect, à les fondre et à les travailler. Il est donc certain que les hommes, avant d'appliquer le fer à la culture, avaient déjà poussé un peu loin certaines professions industrielles ; et quand on songe aux ressources qu'ils trouvaient pour leur subsistance dans les fruits spontanés d'un sol vierge encore, dans le soin des troupeaux, la pêche et la chasse, on admettra sans peine qu'ils n'aient échangé que tard les mœurs patriarcales et nomades contre les habitudes sédentaires que supposent la vie industrielle et la vie agricole.

« Tout nous porte à croire que longtemps on se contenta du soc en fer adapté à une espèce de crochet et que là seulement où la population prit beaucoup d'accroissement, on songea à rendre cet informe instrument plus commode et plus susceptible d'exécuter un travail régulier. Ce fut cette dernière considération qui y fit ajouter des roues, dont un ancien monument grec nous représente la première application à la charrue.

« Mais comme, avec un peu d'adresse, le laboureur peut travailler un sillon uniforme sans appuyer son instrument sur des roues, on ne sentit pas partout le besoin de cette complication, et l'araire, chez les Romains et chez bien d'autres peuples, y resta étranger.

5.

Avant les roues et bien plus généralement, on avait trouvé l'usage d'un manche soit simple, soit bifurqué, au moyen duquel le conducteur pût diriger la charrue et la faire pénétrer à différentes profondeurs. Quant à la haie, qu'on appelle aussi âge, flèche ou perche, et à l'extrémité antérieure de laquelle on attèle les animaux, elle n'est que le côté supérieur du crochet, prolongé pour donner plus de liberté à leurs mouvements et affaiblir l'effet de leurs saccades. Une fois la perche prolongée, et elle le fut vraisemblablement de bonne heure, il fut facile de la faire traverser par un couteau ou coutre, qui précédât le soc et fendît la terre que ce soc devait soulever. On dut aussi être conduit assez tôt à la forme triangulaire qu'ont généralement les socs ; le fer dont les guerriers munissaient le bout de leurs lances en donne l'idée. Mais on a imaginé que fort tard cette pièce latérale qui renverse la terre sur le côté et qu'on nomme oreille, versoir, épaulard ; c'est même de nos jours seulement qu'on s'est avisé de lui donner une courbure particulière au lieu de lui laisser la forme d'un plan qui se dirige tout droit en arrière, en s'éloignant du corps de la charrue.

« Enfin, à plus forte raison n'a-t-on pu inventer que récemment soit le régulateur ou crémaillère en fer qui, suivant qu'on fait passer la corde d'attelage par telle ou telle de ses entailles, change la direction du soc, soit la réunion de plusieurs socs placés sur la même ligne ou sur des plans différents, soit le double versoir ou versoir mobile, c'est-à-dire susceptible d'être adapté alternativement aux deux côtés de la charrue, etc.

« A chaque instant et dans tous les pays, on fait subir des modifications à la machine agricole par excellence ; on cherche surtout à remplacer, dans sa construction, le bois par le fer, qui, en Angleterre, commence à être exclusivement employé. On s'occupe aussi des moyens d'y appliquer un moteur qui a opéré des prodiges dans l'industrie manufacturière, je veux parler de la puissance mécanique de la vapeur d'eau. Si l'on y parvient, et ce sujet de recherches a été mis au concours chez nos voisins, il en résultera pour l'agriculture une révolution comparable à celle qui s'y accomplit depuis l'introduction des assolements.

« La charrue perfectionnée de M. Rosé est un corps en fonte formé de trois pièces seulement : le soc, le versoir et le sep, combinés suivant certains principes de mécanique. Elle peut fonctionner avec ou sans avant-train. Lorsqu'elle est montée sur des roues, on règle le degré de profondeur où l'on veut faire entrer le soc dans la terre, au moyen d'une sellette sur laquelle repose la haie et qui se lève ou se baisse par l'effet d'une vis verticale ; si, au contraire, on l'emploie sans avant-train, on donne le degré d'entrure convenable en faisant tourner une autre vis placée à l'extrémité inférieure de l'âge, et qui fait monter ou descendre une tringle en fer terminée en bas par un crochet auquel s'attache la corde d'attelage. Cette charrue a déjà été éprouvée dans différents concours, où elle a remporté onze fois le prix ; aussi plusieurs cultivateurs l'ont déjà adoptée. »

Emile savait étudier, c'est-à-dire qu'il ne lisait pas comme la plupart des enfants de son âge ; quand il avait lu une phrase sans la bien comprendre , il la recommençait et ne la quittait que quand elle lui paraissait tout-à-fait claire ; quand il ne pouvait arriver seul à ce résultat , il allait trouver son père et le prier de la lui expliquer ; ce que M. Guérin faisait toujours avec grand plaisir ; car ceux qui nous instruisent ne sont jamais si heureux que quand nous leur donnons des preuves de notre bonne volonté. Après avoir lu attentivement toute sa leçon , il cherchait à y attacher un sens et se demandait quel but on s'était proposé en l'engageant à l'étudier, ou , en d'autres termes, ce qu'il saurait de plus que la veille , quand il serait parvenu à l'apprendre , et lorsqu'il s'était rendu compte de l'objet de la leçon, il l'étudiait, reprenant phrase par phrase et s'efforçant de n'en rien laisser échapper. Quand il se croyait tout-à-fait sûr de sa mémoire , il résumait en quelques mots la page ou les pages qu'il avait étudiées et mettait en écrit ce résumé. Grâce à cette méthode, que M. Guérin l'avait habitué à suivre , il savait fort bien ce qu'il savait et ne l'oubliait pas du matin au soir comme cela arrive aux petits étourdis qui n'étudient que parce qu'ils y sont forcés et qui, pourvu qu'ils puissent réciter leur leçon de manière à éviter d'être punis, s'inquiètent fort peu d'en tirer profit. C'est vraiment une singulière conduite que la leur; on dirait qu'ils croient que, si leurs parents les envoient à la classe et les mettent en pension, c'est tout simplement pour être débarrassés d'eux; que, si le maître les engage à travailler, s'il leur donne des devoirs à remplir, c'est pour les contrarier; que, s'il les punit, c'est pour se venger de l'ennui qu'ils lui causent; ils ne pensent pas que, si leurs parents s'imposent des sacrifices, que si leurs maîtres leur consacrent tous leurs instants, que s'ils prennent tant de peine, c'est qu'ils savent, instruits qu'ils sont par l'expérience, combien ces enfants aveugles et ingrats auront besoin plus tard de ce qu'ils mettent tant de nonchalance à apprendre; non, ils se figurent qu'ils travaillent pour tout le monde excepté pour eux, et si on les punit quelquefois, ils murmurent comme s'ils avaient

à se plaindre de l'exigence de ces maîtres,
qui ne veulent qu'exciter leur émulation et
réveiller leur énergie.

Quand M. Guérin rentra, il trouva Émile
occupé à copier, comme d'habitude, le résumé de qu'il venait de lire ; il jeta un coup
d'œil sur ces notes, les trouva justes, en
félicita son fils et l'engagea à l'accompagner
jusqu'au village voisin, afin que la lettre
qu'il venait d'écrire partît plus tôt ; ce
qu'Émile accepta avec joie.

Ils descendirent la colline, par un sentier
bordé de vignes. Les paysannes étaient occupées à débarrasser les ceps des pousses
inutiles, afin que, la sève se concentrant
dans les bonnes branches, les grappes pussent devenir plus belles. Chaque fois que le
capitaine et son fils passaient auprès de quelqu'une d'entre elles, ils en recevaient un
beau bonjour ; car chacun au village res-
pectait M. Guérin comme un homme de
grand savoir et l'aimait pour la parfaite
obligeance avec laquelle il mettait ce savoir
au service de tout le monde.

## V.

— Quand le sol a été bien labouré, dit
M. Guérin, reprenant pendant sa promenade
la leçon interrompue ; quand la herse l'a
rendu aussi uni que possible, le laboureur,
après avoir choisi sa plus belle semence et
l'avoir *chaulée*, c'est-à-dire passée à la
chaux, afin d'empêcher les insectes de la dé-
vorer, la confie à la terre. Le talent du se-
meur consiste à répartir également le grain,
afin qu'il ne se trouve pas de places nues,
tandis qu'à quelques pas de là les tiges trop
rapprochées s'étioleraient faute d'air et de
soleil. Le blé demande trois labours et se

sème en septembre et en octobre ; cependant ce qu'on appelle froment printanier ne se sème qu'au mois de mai. Dans nos climats , le blé se récolte en août et septembre. Il est originaire de l'Asie-Mineure et fut importé en Europe environ cinq cents ans avant l'ère chrétienne.

On sème l'orge en avril et en mai. Elle sert à la nourriture du bétail et souvent compose , mélangée avec le blé , le pain du pauvre. La drèche d'orge, infusée dans l'eau chaude, mêlée avec le houblon et fermentée par la levure, fournit la bière, que dans les vignobles on ne boit guère qu'au café, mais qui est la boisson ordinaire du nord de la France.

Les semailles de l'avoine se font en février et mars. L'avoine sert à la nourriture des chevaux ; elle leur donne des forces ; mais elle les échaufferait, si elle leur était donnée en trop grande quantité ; on en proportionne la ration au travail qu'on veut obtenir ; mais quand le cheval se repose, il ne faut pas la lui retrancher tout-à-fait, si l'on veut l'entretenir en bon état.

Le seigle donne un pain noir et acide ; mais, mélangé en petite quantité avec le froment, il tient le pain frais et lui donne une saveur agréable. Cependant on prétend que ce mélange est moins sain que l'emploi du froment pur. Dans les pays chauds, on cultive le riz avec beaucoup de soin et on lui donne la préférence sur les autres substances alimentaires.

Nous avons dit hier, en parlant des assolements, combien il est utile de faire alterner la culture des céréales et celles des légumes ou des plantes fourragères. Les plantes fourragères sont ou naturelles ou artificielles. Elles peuvent être semées pêle-mêle ou séparément. Les plantes fourragères naturelles sont très-nombreuses et croissent sans culture dans les terrains favorablement situés ; elles forment ce qu'on appelle les prés ou pâturages. Les plantes fourragères artificielles ont plus ou moins de durée ; les principales sont le trèfle, la luzerne, le mille-feuilles. On les fait manger vertes aux bestiaux ou on les sèche et on les rentre pour l'hiver, comme le foin naturel. La luzerne est un bon fourrage ; verte, elle rafraîchit les chevaux. Le trèfle est bon aussi ; mais on doit en modérer l'usage, surtout quand il n'est pas fleuri. Quant au sainfoin, il est ainsi appelé parce qu'il est le meilleur de tous les fourrages.

Une culture dont le produit est excellent pour engraisser les porcs, c'est celle de la fèverolle en mélange avec l'orge et l'avoine. On sème les fèverolles sous raie, sur un labour d'automne, au mois de février ; une quinzaine de jours après, on sème l'orge et l'avoine mélangées et on les enterre à la herse. Si l'on semait le tout ensemble, les fèves, étouffées par l'orge et l'avoine, ne pourraient arriver en maturité.

C'est la nature qui sème les prairies ; mais le laboureur peut seconder la nature en cherchant à multiplier les végétaux qui y croissent sans culture, ou, en d'autres termes, puisque, comme nous l'avons dit, il y a quelques jours, les prés composent le plus clair du bénéfice des cultivateurs, ils doivent créer des prairies quand la chose est possible.

— J'ai vu en effet remettre des terres en prés ; tiens, mon bon père, voici, à notre gauche, un fort beau clos où huit vaches paissent et que je me souviens très-bien d'avoir vu chargé de blé.

— C'était un assez mauvais champ, et aujourd'hui c'est un terrain qui donne d'excellent foin et dont le rapport a presque doublé, sans compter que, si François voulait s'en défaire, il en trouverait au moins deux mille francs de plus qu'il y a quatre ans. Mais il ne pense pas à le vendre, et il a bien raison : il n'avait que de mauvais fourrage auquel ses bestiaux touchaient à peine ; maintenant il a, comme tu le vois, huit belles vaches que je lui ai conseillé de mettre dans ce clos, en ayant soin de les attacher par une corde à un piquet fiché en terre, afin qu'elles ne gaspillent pas à la fois tout le pré, mais qu'elles tondent convenablement la place qui leur est échue. Enfermées là, elles n'ont pas besoin de gardien ; ce qui épargne à André la nourriture et l'entretien d'un enfant. Quand elles seront arrivées à un bout du pré, l'herbe sera repoussée à l'autre, et elles recommenceront.

Il aura ainsi de quoi les nourrir pendant tout l’été ; l’hiver il les engraissera, et les remplacera, après en avoir tiré un bon bénéfice.

— Oui ; mais, mon père, il n’aura pas de foin, et il me semble qu’il ferait mieux de mettre son bétail avec le troupeau du village, puisque chaque année une partie des prés de la commune sont destinés au pâturage après la première récolte.

— Tu oublies que François n’est pas du village et qu’il ne serait pas juste qu’il profitât du sacrifice que chacun s’impose à son tour en renonçant à son regain, puisqu’il ne peut contribuer à l’avantage de tous. Sa ferme est tout-à-fait séparée du village, et ses prairies sont closes. De l’autre côté de ce bouquet d’arbres, il a également transformé un champ en pré avec beaucoup de succès, et le fourrage qu’il y récolte sert à la nourriture de ses bœufs et des vaches, qui rentrent à l’étable quand viennent les froids. L’année dernière il a vendu trois bêtes grasses et élevé deux belles génisses. Il a de bon fumier qu’il soigne bien, qu’il approprie à la nature de ses terrains. Son blé vient à merveille, et si quelqu'un au village manque de semence, il se trouve heureux quand François veut bien lui en céder. Enfin, après s'être vu bien près de sa ruine, il se relève et deviendra, s'il continue, l'un des meilleurs propriétaires du pays.

— Il y a donc beaucoup d'avantage à créer des prairies?

— Beaucoup. D'abord, à force de produire, le sol s'épuise s'il n'est nourri d'un abondant engrais; cet engrais ce sont les bestiaux qui le procurent; ce sont eux encore qui labourent, qui fournissent au cultivateur le beurre et le laitage qui servent à sa nourriture ou dont il refait chaque jour de l'argent. Ajoute à cela que les petites plantes dont se composent nos prairies ne se nourrissent presque que d'eau, qu'elles rendent au sol autant qu'elles lui empruntent, qu'elles le couvrent en toute saison, au lieu que la récolte des céréales laisse la terre à nu sans la défendre ni des ardeurs du soleil, ni des rigueurs du froid, et qu'en outre les prairies sont à l'abri des accidents, que toujours on en peut tirer profit, tandis qu'un orage suffît pour détruire les moissons, et tu reconnaîtras qu'elles doivent obtenir la préférence sur toutes les autres cultures.

Il n'existe presque pas de pays où l'on ne puisse créer des prairies ou tout au moins des pâturages. On donne ce nom aux lieux où l'herbe, trop courte pour être coupée et séchée, peut être mangée en vert par le bétail. Dans les domaines les plus arides, le cultivateur qui entend son propre intérêt ne manque jamais d'avoir à proximité de sa ferme un pâturage à défaut d'un pré; il y parvient en utilisant les eaux du fumier, celles qui découlent des bâtiments, et, quand il a réussi, il y met paître tout l'été les jeunes veaux, les génisses et les poulains, en un mot, les élèves, qui sont, il ne faut pas l'oublier, la principale richesse du laboureur.

Les terrains dans lesquels il existe des bas-fonds dont les eaux ne peuvent s'écouler et ceux qui sont coupés par des éminences à pente rapide, sont, pour des raisons opposées, également impropres à être transformés en prairies. Il faut, autant que possible, choisir, pour cet usage, une pente modérée, une surface unie, qui permette aux eaux de couler lentement et de se répandre sur toutes les parties qu'elles doivent fertiliser. Comme les prairies abritées contre le vent du nord valent généralement mieux que les autres, il faut en étudier la position, surtout dans les pays montagneux.

Tout ce que nous avons dit des diverses natures du sol et des amendements qu'on y peut apporter s'applique aux prairies ; mais les terres argileuses sont regardées comme les plus favorables à la transformation dont nous nous occupons, parce qu'elles conservent l'humidité nécessaire à la végétation.

— Mais dans les endroits où il n'y a pas d'eau, mon père, demanda Emile, il est donc impossible d'avoir des prés ?

— Oui, à moins qu'on ne sache utiliser celle des pluies. L'eau qui tombe du ciel pénètre les terrains, en dissout les sels, et les dépouille ainsi de leurs principes végétaux. Voila comment on peut expliquer la fertilité des vallées : elles reçoivent avec les eaux des montagnes tous les éléments nutritifs qui en ont été enlevés. Voilà comment encore on peut expliquer la merveilleuse fertilité de l'Egypte, produite par les inondations du Nil. Quand les eaux ont atteint le degré de hauteur suffisant, elles sont conduites, par un grand nombre de canaux, dans des réservoirs d'où on les distribue suivant les besoins du sol. Elles se répandent ainsi de tous côtés, et le limon qu'elles déposent assure aux campagnes une récolte abondante. En Assyrie, où il ne pleut presque jamais, les eaux de l'Euphrate se déversaient, au moyen de machines hydrauliques, dans des canaux d'où elles se répandaient dans les plaines ; ces plaines étaient, si l'on en croit Hérodote, d'une extrême fécondité, et aujourd'hui elles sont changées en un véritable désert.

Nos fleuves et nos rivières contiennent, tout comme le Nil et l'Euphrate, des principes fertilisants, et l'on en a fait l'épreuve dans le Midi, aux environs de Narbonne, où, à l'aide d'un canal, les eaux de l'Aude, chargées d'une grande quantité de limon, enrichissent chaque année les terres qu'elle submergent.

La France possède un très-grand nombre de cours d'eau ; mais ce n'est pas aux particuliers d'en disposer , à moins que ces cours d'eau ne traversent leurs propriétés. Dans ce cas , s'ils sont riverains des deux côtés, ils peuvent établir un barrage , tandis que , s'ils n'en possèdent qu'un seul , il n'ont pas ce droit ; mais les uns et les autres ne peuvent se servir de ces eaux qu'à la charge de les rendre à leur cours naturel. Quant aux fleuves et aux rivières navigables , ils appartiennent à l'état , et personne ne peut en rien détourner.

— Pourquoi donc cela , mon père ?

— Parce que ces rivières et ces fleuves sont autant de routes plus favorables au commerce que les routes ordinaires , et qu'en affaiblir le cours serait porter un préjudice considérable à la prospérité du pays. Tu dois même avoir entendu parler des grands travaux que le gouvernement a exécutés depuis quelques années , pour favoriser la navigation de plusieurs fleuves, celle de la Seine, par exemple. Au moyen de fortes digues, on a donné plus de profondeur au lit

du fleuve et, il y a quelques mois à peine,
un navire de huit cents tonneaux, le premier de cette force qui eût remonté la Seine
aussi haut, a fait accourir sur les quais tous
les habitants de Rouen, heureux de l'accroissement que ce succès promet à la
prospérité de leur ville. Mais si l'on ne peut
toucher à ces cours d'eau, il y a un grand
nombre de ruisseaux, de petites rivières,
d'étangs, dont les eaux sont à la disposition
des propriétaires; en outre, les eaux de la
pluie, qui se perdent le plus souvent dans
les gorges, dans les ravins, et vont grossir
les rivières, peuvent être retenues au passage, et répandues sur le sol, où elles dé-
poseront l'engrais qu'elles charrient. Il suffit d'opposer un obstacle à l'eau et de lui
ouvrir une entrée sur son héritage. Les eaux
qui découlent des chemins sont surtout fort
bonnes pour l'arrosement des prairies; mais
comme on n'a pas le droit de faire exécuter
quelque travail que ce soit sur la voie pu-
blique, il faut avant tout, obtenir des administrateurs de la commune l'autorisation
de s'emparer de ces eaux, et ne pas reculer

devant un sacrifice, si cela est nécessaire. Dans les pays de montagnes, on peut toujours recueillir l'eau des pluies, quand ces pluies sont quelque peu abondantes. Il suffit, pour y arriver, de creuser un fossé au pied de ces montagnes et un réservoir où le fossé conduira les eaux, d'où elles seront ensuite réparties sur les prés, au moyen de diverses rigoles.

Il existe un grand nombre de lieux où l'on ne peut trouver de sources et où il suffit de creuser le sol pour que l'eau en jaillisse. On ouvre alors une tranchée qu'on recouvre, et par laquelle on conduit cette eau sur les terrains moins élevés. Il arrive quelquefois que, pour trouver de l'eau, il faut creuser à une profondeur considérable, entreprendre des travaux gigantesques, et ce n'est pas un pauvre laboureur qui peut faire un tel essai, d'autant plus que le succès ne vient pas toujours récompenser tant d'efforts.

— N'est-ce pas ce qu'on appelle des puits artésiens ?

— C'est cela même. A Romagne-sous-les-Côtes, tout près d'ici, on avait entrepris d'en creuser un ; car, pendant les grandes chaleurs, le village manque d'eau, et, soit que les travaux aient été mal dirigés, soit que le résultat soit impossible à obtenir, on a été obligé de renoncer à les poursuivre, ou du moins de les ajourner. Mais, dans un grand nombre d'autres lieux, les puits artésiens rendent d'importants services à l'industrie et à l'agriculture. On nomme ainsi les puits obtenus par le sondage, parce que c'est dans l'Artois qu'existent les plus anciens et les plus nombreux. Quand la sonde, après avoir traversé des couches de terre plus ou moins épaisses et d'espèces plus ou moins variées, rencontre enfin un des cours d'eau qui sillonnent les entrailles de la terre, l'eau jaillit par l'orifice au-dessus de la surface du sol, et l'on remarque qu'elle a d'autant plus de chaleur qu'elle vient de plus loin. Le puits artésien le plus remarquable qu'il y ait en France est celui de Grenelle, qui compte cinq cent quarante-huit mètres de profondeur.

On était arrivé au village voisin et M. Guérin allait jeter sa lettre à la boîte, que le facteur devait lever une demi-heure plus tard, quand il se trouva face à face avec un étranger qui semblait le regarder attentivement.

C'est chose si rare qu'un étranger dans les villages un peu éloignés de la route, que quatre ou cinq femmes, les seules peut-être de tout le quartier qui ne fussent point occupées soit aux vignes, soit aux champs, avaient mis la tête à la fenêtre ou s'étaient avancées jusque sur le seuil de la porte, afin de voir quel était ce personnage, et où il allait entrer. En même temps l'une d'elles aperçut le capitaine et son fils, qu'elle connaissait fort bien.

— Bonjour, monsieur Guérin, lui dit-elle ; vous voilà dans notre pays ? Et la santé ?

M. Guérin ne put répondre : le voyageur, en l'entendant nommer, s'était jeté à son cou et le tenait étroitement embrassé.

— Ainsi je ne me trompais pas, dit-il enfin, c'est toi, mon vieux camarade. Tu n'as pas tant changé que moi ; car je suis sûr que tu ne m'aurais pas reconnu.

— Il est vrai ; mais c'est que je ne t'attendais pas sitôt.

— Tu comptais donc me voir d'ici à quelques jours ?

— Belle demande ! Voici ma lettre ; tiens, elle sera arrivée à son adresse plus vite que je ne le pensais.

— Je la garde, dit Louis en la mettant dans sa poche. Ainsi, j'ai bien fait de venir.

—Oh ! oui, monsieur Louis, vous avez très-bien fait, et vous rendez papa bien heureux, dit Emile.

— Que je l'embrasse aussi, ce cher enfant. Comme il est grand et fort ! Nous allons être deux pour l'aimer et le gâter ; car tu le gâtes, n'est-ce pas ? Et puis, ma foi, quand il sera devenu trop insupportable et que nous voudrons qu'il se corrige, nous en ferons un soldat. Qu'en dis-tu, hein ?

— Je dis que nous avons le temps de parler de cela, et que, comme tu dois être fatigué, ce que nous avons de mieux à faire, c'est de gagner promptement la maison, afin que tu puisses te rafraîchir et te reposer.

— Je voudrais bien pouvoir te dire que je
ne suis pas las ; mais je suis venu de Verdun
ici dans une voiture si bien suspendue, que
j'en ai tous les os brisés, et pourtant je ne
suis pas une poule mouillée.

— Eh bien ! en route ; montre-nous le
chemin, Emile, et, si tu peux nous devan-
cer, prépare tout ce qu'il faut pour recevoir
notre ami.

Emile ne se fit pas répéter cette invitation ;
un quart d'heure après, le couvert était mis
dans la petite pièce qui servait de salle à
manger et de salon au vieux capitaine. Une
nappe de toile un peu rude, mais bien
blanche ; des assiettes de faïence peinte en
bleu, un beau morceau de jambon bien
rouge, la moitié d'un pain et une bouteille
couverte d'une respectable poussière, réjoui-
rent à la fois l'œil et l'odorat du voyageur.

On se mit à table. Louis raconta en détail
tout ce qui lui était arrivé et il ajouta à ce
que sa lettre avait appris à M. Guérin, un
aveu qui semblait lui coûter beaucoup : c'est
qu'ayant perdu non-seulement son argent,
mais encore une somme de quatre mille

francs qui lui avait été confiée par un camarade, il devait en payer la rente à la mère de ce brave homme, mort depuis deux ans, et faire tous ses efforts pour mettre peu à peu de côté la somme qu'il serait si heureux de pouvoir rembourser.

— Mais il va te rester bien peu pour vivre, mon ami, dit le capitaine, et, si tu n'étais pas venu, j'aurais fait une sottise ; car je t'aurais loué une jolie petite maison et un beau jardin, tandis que, si tu veux me croire, tu te contenteras de la chambre que nous t'avions destinée pour quelque jours.

— Merci, mon cher Guérin, mais je ne puis pas accepter. Cette chambre est celle de ton fils.

— Qu'est-ce que cela te fait ? Emile prendra le grand cabinet voisin de la mienne.

— Et j'y serai bien mieux que dans ma chambre. Acceptez, monsieur Louis, acceptez ; mon père en sera bien joyeux et moi aussi.

— Mais je vous gênerai, mes amis, et qui sait ?... Si plus tard j'allais vous devenir à charge... Je ne suis plus jeune, et toutes les blessures que j'ai reçues ne m'ont pas rendu bien solide…

— Raison de plus pour que tu ne nous quittes pas. Voyons, pas tant de façons. Nous t'offrons de bon cœur notre maison et notre société, accepte-les de même.

—Tu le veux? Eh bien! tope là, c'est une affaire faite.

# VI.

Pendant deux ou trois jours la présence de M. Louis et son installation chez son ami changèrent un peu le genre de vie du capitaine. Les deux vieux amis avaient tant de choses à se dire, ils étaient si contents de se retrouver après vingt ans d'absence, que les leçons d'Emile furent négligées. Louis en fit la remarque le premier, et il gronda son camarade de laisser ignorant et oisif un enfant qui ne demandait pas mieux que de travailler. Le nouveau venu avait, on le voit, pris promptement son franc-parler dans la maison ; mais il était si bon , il aimait tant Emile et son père , qu'on pouvait bien lui pardonner sa franchise , si brutale qu'elle fût.

A ce reproche M. Guérin sourit.

— Tu as raison, dit-il, mon ami ; depuis que tu es ici nous vivons dans le passé, il est temps de nous occuper de l'avenir.

— Eh bien ! oui, occupons-nous-en , c'est mon avis. Veux-tu que je fasse entrer ce garçon-là à l'école de Saumur ? Tu n'as que le mot à dire , et la chose ne fera pas un pli , c'est moi qui t'en réponds.

— Qu'en dis-tu , mon enfant ? demanda le capitaine à Emile. Tu recevras là une éducation militaire et , quelques années après que tu en seras sorti , tu nous reviendras avec l'épaulette.

— C'est bien beau , sans doute , mon père , et je remercie M. Louis de sa bonté ; mais tu sais bien que ce n'est pas là mon goût, et comme tu paraissais approuver mes projets, j'y tiendrai , à moins que tu n'aies changé d'avis.

— Et peut-on savoir quels sont ces projets ? demanda Louis en fronçant le sourcil.

— Je désire ne jamais quitter ce village, où je suis né. Je suis fort, j'ai du courage ; mon père a été un bon soldat, je serai un bon laboureur. L'un est presque aussi honorable que l'autre ; c'est mon père lui-même qui me l'a dit.

— Et il n'a pas tort, ton père. C'est un homme d'esprit, parbleu ! Eh bien ! c'est entendu, nous serons laboureurs. Je dis nous, parce que je veux travailler aussi, moi ; je ne prétends pas qu'on veuille me nourrir à rien faire, et comme tu auras besoin de domestiques, tu m'emploieras, soit à garder ton bétail, soit à charrier de la terre, du fumier, tout ce que tu voudras. Je ne parle pas de labourer ni d'ensemencer, parce que je n'y connais rien et que je suis trop vieux pour apprendre.

— Et si je ne veux pas de vous pour domestique, demanda Emile, que ferez-vous ?

— Je te quitterai. C'est bon pour les fainéants de manger tranquillement le pain des autres ; et, quoi que vous en disiez, ton père et toi, vous ne me ferez pas croire que, pour les douze sous par jour que je vous paie, vous puissiez me loger, me coucher, me nourrir et me soigner comme un prince.

— Parce que tu n'as jamais habité que dans les villes ; mais ici il fait si bon marché vivre, que nous avons encore du bénéfice, sans compter la gaîté que ta compagnie nous procure, gaîté que nous ne connaissions plus depuis bien longtemps, je t'assure.

— Alors, tant mieux, si tu bénéficies **sur** la pension que je te paie ; mets bien de côté ce que tu y gagneras et quand nous marie-rons ce garçon-là, le boursicot que tu auras fait habillera la mariée. Mais voyons, assez de plaisanterie comme cela ; je veux bien rester avec vous, puisque cela vous arrange, à condition que personne ne se gênera pour moi. Ainsi à commencer de demain, que je sois là ou non, il faut qu'Emile étudie, et puisque c'est toi qui l'instruis, que tu lui fasses la leçon.

Cela dit, Louis prit son chapeau, donna une poignée de main à Guérin, une petite tape à Émile, et sortit avec Castor, qui le fêtait déjà presque autant que son maître.

— Ce bon M. Louis, dit Émile en le voyant disparaître, comme il t'aime, mon père ! Oh ! à cause de cette affection qu'il te porte, je l'aime aussi, moi. Puis il n'est pas heureux, et nous devons tâcher de lui rendre supportable la pauvreté à laquelle il n'a pas été habitué.

— D'autant plus que c'est une cruelle chose pour lui que cette idée de nous être à charge. Il est si fier !

— Il a bien tort de penser à cela. Puisqu'il te distrait, cher père, puisqu'il t'aide à te consoler, nous ne ferons jamais assez pour lui.

— C'est une si grande joie de se sentir utile à quelqu'un, que le peu de bien que je puis lui faire est déjà pour moi une vraie consolation ; puis, on penserait en vain le contraire, il n'y a de durable et de réellement doux que les liens formés pendant la jeunesse ; plus tard on peut se créer des relations agréables, on ne se fait presque jamais d'amis.

— Pourquoi donc cela, mon père ?

— **Parce que la jeunesse est expansive**, parce qu'elle est généreuse et confiante, tandis que l'âge mûr est froid et méfiant. On a été si souvent trompé, qu'on craint de l'être encore ; on n'ouvre son cœur qu'à moitié, même à ceux vers lesquels on se sent porté, et où il n'y a pas de confiance, il n'y a pas d'amitié. Puis les souvenirs de l'enfance et de la jeunesse ont quelque chose de si suave, que nous aimons à repasser ces heureuses années avec ceux qui les regrettent comme nous. Il y a un charme inexprimable pour les vieillards dans ces mots : *Te souviens-tu ?* et dans cette réponse : *Oh ! oui, c'était le bon temps.* Voilà pourquoi, à part toutes les qualités qui font de Louis l'homme le plus estimable que je connaisse, je suis si joyeux de l'avoir retrouvé. Mais reprenons notre petit travail sur l'agriculture, mon enfant ; car il serait capable, j'en suis sûr, de vouloir, en rentrant, savoir ce que tu as appris.

— Parle, mon bon père, je suis tout oreilles.

— L'eau est la principale nourriture des

plantes fourragères naturelles ; mais toutes les eaux ne sont pas également fertilisantes. Nous avons dit que celle qui coule des routes pendant les grandes pluies est la meilleure, parce qu'elle est chargée de limon ; celle qui descend des montagnes est aussi fort bonne, parce qu'elle entraîne sur son passage des matières fécondantes. L'eau de source est moins avantageuse, parce qu'elle n'a d'autre principe végétal que l'humidité qu'elle porte dans les prairies ; cependant elle suffit dans les terrains bas et donne de bonnes récoltes. Mais dans les prés en pente elle ne produirait presque rien : il est nécessaire de fournir un engrais à ces prairies, si l'on veut obtenir du foin abondant et de bonne qualité. Ce qu'il y a de mieux à faire, en ce cas, c'est de mettre le fumier dans la fosse creusée pour recevoir les eaux dans la partie supérieure du pré et les transmettre ensuite aux différentes rigoles. Ces eaux, chargées des substances qu'elles auront enlevées au fumier, se répandront ensuite sur le pré avec le plus grand avantage.

Le chanvre et le lin trempés dans l'eau la rendent très-propre à l'arrosement des prairies. Les cendres produites par les plantes arrachées dans les terrains en friche et déposées dans cette fosse produisent aussi de bons résultats. La chaux et la marne peuvent être employées à défaut d'autre engrais; mais, la marne n'ayant sur les prairies qu'une action très-lente, il ne faut l'employer que quand on le peut sans faire de frais; quant à la chaux, il ne faut pas oublier que, si elle convient pour les terres argileuses, elle serait nuisible pour les sols calcaires; ces deux substances doivent, en tous cas, être déposées dans la fosse dont nous avons parlé et non pas semées sur le pré.

Il y a des eaux absolument contraires à la végétation, celles qui charrient des sels ferrugineux, par exemple. Ces sels, s'introduisant dans les fibres de la plante, en obstruent les pores et la font mourir. Quand l'eau est crue, que le savon, au lieu de s'y dissoudre comme dans l'eau de pluie, vient à la surface en petits morceaux assez semblables à ceux qui se forment sur le lait qui

tourne en bouillant, si, dans son parcours,
elle donne naissance à des joncs ronds et
courts, enfin si elle ne convient pas à la
cuisson des légumes secs, elle est mauvaise
pour l'arrosement des prairies ; quand, au
contraire, cette eau est douce, et que les
joncs qui croissent sur ses bords sont plats et
élevés, elle peut être employée sans crainte.
En général, les eaux qui ont le plus couru à
l'air, celles qui ont été le plus battues sont
les meilleures pour l'irrigation. On peut cependant corriger celles dont nous parlions
tout-à-l'heure, et on le doit si l'on n'en a pas
d'autres à sa disposition. On obtient le changement nécessaire en jetant dans la fosse
où elles séjournent de la chaux et des
cendres. On n'en peut guère indiquer la
quantité, attendu que ces eaux sont plus ou
moins chargées de substances nuisibles. Il
faut avoir soin de bien agiter dans la fosse la
chaux et les cendres ; car, sans cette précaution, on aurait fait une dépense inutile.
Quand l'eau des montagnes est chargée de
substances pierreuses, il faut les filtrer, en
les faisant passer à travers une digue de

gros sable, de crainte qu'elles ne nuisent aux prairies au lieu de les fertiliser.

L'importance de l'irrigation est très-grande, surtout dans le midi de la France, où la terre, brûlée par les ardeurs du soleil, ne produirait absolument rien si elle n'était arrosée. Mais partout on doit être convaincu que quiconque laisse perdre l'eau qu'il pourrait employer agit contrairement à ses intérêts. Dans les Vosges, en régularisant le cours de la Moselle, en le faisant servir à l'arrosement de terres incultes jusque-là, on a créé des prairies dont la valeur est aujourd'hui de plus de trois millions et demi. En Provence, en Bretagne, des résultats semblables ont été obtenus.

Il ne faut pas perdre de vue que, si l'eau est nécessaire, il ne faut pas qu'elle soit trop abondante. Dans les prairies en pente, cet inconvénient n'est pas à redouter, parce que les eaux s'écoulent toujours ; mais dans les prairies plates, il serait dangereux d'amener des eaux qu'on n'en pourrait pas faire sortir ; car la qualité du foin en serait bientôt altérée.

Quand on peut arroser à volonté ses prairies, il faut régler ces arrosements sur la
nature du sol et sur la chaleur du climat ;
ainsi les terres calcaires ont besoin de plus
d'eau que les terres argileuses, et le Midi en
absorbe beaucoup plus que le Nord. Il suffit,
en général, dans nos climats, d'arroser,
pendant le mois de mars et le mois d'avril,
les prairies dont le sol est argileux. On les
laisse ensuite à elles-mêmes et l'on n'y remet
l'eau qu'après avoir fait la première récolte.
Ce second arrosement est très-favorable au
regain.

Les mousses qui souvent ruinent les prés
peuvent être détruites par l'irrigation, surtout si les eaux sont chargées de sels em-
pruntés aux fumiers ; on peut encore, pour
en débarrasser un terrain, y mettre l'eau au
moment des gelées, en assez petite quantité
pour que la glace touche la terre. Dans les lieux
élevés, on détruit ces mousses en déchirant
le sol avec des râteaux de fer et en y mettant
du fumier. Les roseaux peuvent aussi être dé-
truits par l'eau. On la conduit, aussitôt après
le fauchage, dans les lieux qui en sont rem-

plis, on l'y laisser croupir, et les roseaux meurent.

Pour créer une prairie, il faut ordinairement trois ans ; mais quand le terrain est très-bon, on peut y parvenir en deux ans. Si le sol est fertile et bien disposé pour l'arrosement, cet arrosement suffira pour y faire croître de bonne herbe. Si l'on voulait transformer en prairie un simple pâturage, il ne faudrait pas en arracher les gazons; on se contenterait de le niveler, de le nettoyer et d'y mettre les eaux. Si c'est un champ qu'on désire mettre en pré, il faut le labourer le plus profondément possible en automne, y conduire, au mois de mars, le fumier le moins consommé ; c'est le meilleur, parce qu'il renferme encore les semences du fourrage que les bestiaux ont mangé ; l'y enfouir au moyen d'une légère culture, y semer des graines appropriées à la nature du sol : du trèfle, du mille-feuilles, etc.; y joindre toutes les balles ou semences de foin qu'on pourra recueillir sur ses greniers, et rouler ensuite le terrain avec un rouleau très-lourd. Quand l'herbe serait assez grande cette première année pour être fauchée, il faudrait attendre qu'elle fût arrivée en parfaite maturité, afin qu'elle pût se reproduire par ses graines. Après cette coupe, on arrosera ; mais pendant l'hiver on ne donnera de l'eau que très-modérément. On arrosera de nouveau au printemps, et la récolte sera déjà bonne.

On ne doit jamais conduire les porcs dans les prairies, parce qu'ils retournent les gazons et coupent les racines de l'herbe ; le gros bétail y fait aussi du tort quand la terre est détrempée par de grandes pluies, et jamais on ne doit le laisser pénétrer dans les prairies nouvelles. On peut semer les graines fourragères avec l'orge ou l'avoine ; de cette manière on ne perd pas la récolte ; mais le pré prospère moins vite. Il paraît que, d'après de récentes expériences, on trouve plus d'avantage à les semer avec le blé. Au mois de mars, on fait herser le blé, on sème les petites graines et l'on roule.

On doit avoir grand soin d'extirper des jeunes prairies les chardons, les buissons, les carottes sauvages ; il faut choisir le moment où la terre est bien humide, afin de pouvoir enlever les racines de ces mauvaises plantes.

Les foins doivent être remis bien secs ; les rentrer sans qu'ils le soient parfaitement serait s'exposer à la perte de sa récolte et à un danger bien plus grand encore, l'incendie. Le foin mal séché s'échauffe dans le grenier et, s'il s'y trouve un clou ou un morceau de fer quelconque, ce fer rougissant suffit pour mettre le feu au tas de foin et causer de grands ravages ; car la paille et le grain dont les greniers des laboureurs sont remplis fournissent à la flamme un rapide aliment.

D'ailleurs, le foin humide, de même que celui qu'on récolte sur les terrains marécageux, contracte une odeur qui répugne aux bestiaux. Cependant, comme il faut toujours tâcher de profiter de ce qu'on a, on peut employer un moyen pour le faire manger : c'est de saler ce fourrage.

— Et comment s'y prend-on pour cela, mon père ?

— On dispose le foin par couches ; on le

saupoudre de sel , et on met alternativement un lit de paille bien sèche et un lit de foin. Le sel attire l'humidité , que la paille absorbe ensuite. Cette paille prend le goût du sel et du foin et , en hachant le tout , on en forme un mélange sain et nourrissant que le bétail mange sans aucune répugnance. D'un autre côté , le sel , empêchant la fermentation du foin , prévient les accidents qui pourraient en résulter ; c'est donc un moyen fort bon à connaître et très-facile à mettre en usage.

— Sait-on combien il faut de sel pour opérer ce changement , mon père ?

— Cela dépend du degré d'altération des fourrages. Cette quantité de sel peut varier de quatre à douze kilogrammes par mille kilogrammes de foin , et c'est , comme tu le vois , une faible dépense. Le sel est fort bon pour le bétail , pour les bœufs à l'engrais surtout , et il est utile d'en mélanger aux grains moulus et aux carottes , betteraves , pommes de terre ou autres racines qu'on leur donne.

Comme le bétail est la principale richesse du laboureur , nous nous occuperons de-

main des soins qu'il doit y donner. Je dis
demain ; car il me semble que j'entends
Castor, et mon vieux camarade n'est pas loin.

Emile remercia son père par un baiser,
comme il avait coutume de le faire après
chaque leçon, et courut au-devant de Louis,
qui rentrait en effet. La plus vive sympathie
existait déjà entre le grognard et l'enfant.
Louis aimait à conter ses campagnes, et il
dépeignait avec tant de vérité et d'entrain les
batailles auxquelles il avait assisté, les pays
qu'il avait parcourus, qu'Emile éprouvait
un véritable plaisir à l'écouter, plaisir d'autant plus vif que son père, peu causeur de
sa nature, ne l'entretenait jamais de ses
campagnes, et ne parlait de ce qu'il avait
vu, de qu'il avait appris pendant ses voyages,
que quand ces choses pouvaient être utiles à
quelqu'un. Tout ce que Louis racontait était
donc nouveau pour Emile, et le vieux soldat, charmé de l'attention avec laquelle il
prêtait l'oreille à ses récits, de l'empresse-
ment avec lequel il les sollicitait, se plaisait
avec lui presque autant qu'avec son ancien
compagnon d'armes.

## VII.


— Avez-vous fait bonne promenade, monsieur Louis? demanda Emile en serrant de toutes ses forces la main que le vieillard lui tendait.

— Oui, mon enfant, une promenade excellente, et vraiment ce pays m'a paru charmant. Je me croyais rajeuni de quelques années et, me figurant que je possédais encore les quarante mille francs que m'avait laissés mon père, je cherchais une propriété qui fût, tout à la fois, agréable et d'un bon rapport.

— Et vous avez trouvé ce que vous désireriez ?

— Oh! tout-à-fait. C'est là-bas, à la sortie du village. Une jolie petite maison toute blanche, située entre un beau jardin et un grand verger où quatre belles vaches sont attachées, et où une vingtaine de poules cherchent leur nourriture. Sous un hangar j'ai vu une charrue, des herses, un chariot, toutes choses qui indiquent que la maison en question appartient à un laboureur.

— Elle appartenait en effet à Jean-Pierre Leroy, dit Emile; mais il est mort il y a deux mois, et elle n'est habitée à présent que par un domestique, qui la régit pour le compte du fils Leroy, qui s'est établi à Verdun. On pense que, d'ici à un an ou deux, la ferme sera à vendre.

— Eh bien! vraiment, tu me fais regretter les écus que j'ai perdus. Tout cela me convenait si bien.

— Nous n'avez pas mauvais goût, monsieur Louis; car elle me plairait bien aussi, je vous assure. C'est là qu'il y a de jolies chambres, de belles remises et de grands greniers.

— Je les ai vus. Le domestique était sur

la porte, occupé à manger sa soupe au soleil et, comme je m'étais arrêté à regarder,
à travers la grille de bois, les fleurs du par-
terre et les beaux arbres du verger, il m'a
bien poliment offert d'entrer et m'a tout fait
voir ; ce qui prouve que tu ne te trompes
pas en disant que la maison sera sans doute
bientôt à vendre ; car sans cela il n'aurait pas
été si aimable.

—Oh! vous vous trompez, mon cher monsieur Louis ; quand il n'aurait pas cru voir en
vous un acquéreur, il aurait pu vous inviter à
entrer. On est très-poli dans notre pays et
l'on aime à fêter les étrangers.

— Cela vient sans doute de ce qu'il ne s'y
en rencontre pas souvent.

— Je le pense comme vous ; mais papa,
qui a beaucoup voyagé, assure que jamais il
n'a vu de contrée où l'on soit d'un caractère
plus liant, d'une politesse plus cordiale.

— Tant mieux. Je n'ai jamais pu me plaire
à Paris, parce que je m'y trouvais trop seul,
et cet isolement, que beaucoup de personnes
recherchent afin de vivre en liberté, me pe-
sait infiniment. Quand je suis triste ou seu-

lement rêveur, si je vois passer un brave
homme, une bonne femme ou un joli petit
enfant qui me dise bonjour en m'appelant
par mon nom, cela me fait plaisir ; je leur
rends leur salut, j'échange deux mots avec
eux, j'embrasse le gamin, et toute ma bonne
humeur me revient, tandis que, dans une
ville comme Paris, vous pourriez souffrir
des années, sans que personne remarquât
que vous êtes pâle ; vous pourriez mourir
cent fois sans que votre voisin vous donnât
un regret. Il y a tant de monde, que s'il fallait s'occuper de tous ceux qu'on voit, cela
n'en finirait pas ; s'il fallait pleurer tous
ceux qui meurent, on porterait constamment
le deuil, et chacun a pris le parti de ne penser qu'à soi. Ah ! mon enfant, tu as bien
fait de te décider à rester au village, tu y
vivras bien plus heureux.

— Je l'espère, monsieur Louis ; car mon
père le pense comme vous, et mon père ne
m'a jamais rien dit qui ne fût vrai.

— Ce qui fait que tu le crois sur parole.

— Et qui croirais-je donc si je ne le croyais
pas ? Il m'aime tant ! Vous ne pouvez pas sa-

voir cela, monsieur Louis; mais si je n'a-
vais pas pour mon père tout le respect et
tout l'amour dont je suis capable, je serais
bien ingrat. Quand nous avons perdu ma-
man, il serait mort aussi, c'est le médecin
qui l'a assuré, si le désir de rester encore
un peu de temps sur la terre pour m'élever,
m'instruire, me créer une position, n'eût
triomphé de sa douleur. Quand il avait passé
la nuit à pleurer, et que j'entrais de grand
matin dans sa chambre, il s'essuyait les yeux,
s'efforçait de sourire, et m'embrassait en
disant tout bas : « Mon Dieu, donnez-moi du
courage et ne rendez pas ce pauvre enfant
tout-à-fait orphelin. » Il m'était arrivé plus
d'une fois d'entendre ses sanglots quand,
par hasard, je m'éveillais au milieu de la
nuit. Je fis semblant d'avoir peur et de ne
plus pouvoir dormir seul; il transporta
mon lit près du sien et, craignant de troubler
mon sommeil, il ne pleura plus. Il ne voulait pas sortir de la chambre qui avait été
celle de ma mère, et quand il voyait le soleil
briller, il m'envoyait jouer dans le jardin ;
mais comme je ne voulais pas y aller seul,

il m'accompagnait pour que je ne fusse pas privé de l'air et de l'exercice nécessaires au développement de mes forces. Enfin, quand les premiers instants de cette amère douleur furent passés, il consacra tout son temps à m'instruire, et si vous saviez avec quelle patience, quelle bonté il s'acquittait de cette tâche. Pauvre père ! il voulait me faire oublier que la mort m'avait ravi la plus grande joie de l'enfance, les doux soins et les baisers d'une mère. Je devins studieux, parce que je m'aperçus bientôt que mes progrès seuls avaient le pouvoir de le réjouir ; comme il ne vivait plus que pour moi, il était indifférent à toutes choses et ne s'occupait que de me rendre bon et de me donner l'instruction dont je pourrais plus tard avoir besoin. Il y a deux ans que cela dure, et il m'aime toujours autant ; car huit jours avant votre arrivée, il eût quitté pour me suivre, si je l'eusse voulu, le village où il est né et la tombe de ma mère. Mais il en serait mort, je le sais bien ; aussi j'ai refusé.

— Et tu as, parbleu ! bien fait. Tu es un brave enfant et le bon Dieu te récompensera.

— Je ne mérite pas de récompense, monsieur Louis, et pourtant, vous avez raison, le bon Dieu m'a déjà récompensé · mon père est beaucoup plus gai qu'autrefois ; il a retrouvé un frère et moi j'ai la joie de vous aimer tous les deux.

— Allons, tais-toi, ou nous nous fâcherons. T'imaginerais-tu me faire accroire que je puis être aimé de quelqu'un, maussade et bourru comme je le suis !

— Mais je ne m'en suis pas encore aperçu, moi ; au contraire, je vous trouve très-bon et j'admire la patience avec laquelle vous me racontez tout ce que vous avez fait et tout ce que vous avez vu.

— C'est-à dire que tu en as les oreilles rebattues et que tu m'appelles tout bas vieux radoteur. Ne te gêne pas, mon ami, ce ne sera pas la première fois que je me l'entendrai dire.

Le ton de Louis était triste et doux ; ce n'était pas une de ces boutades comme il lui en échappait parfois, et Emile comprit que quelque souvenir pénible venait de traverser son esprit.

—Voyons, mon bon ami, lui dit-il avec une câlinerie charmante, vous voulez bien que je vous appelle mon bon ami, n'est-ce pas? Oui. Merci. Mais vous voulez bien que je vous dise aussi vos vérités, comme on doit le faire entre amis?

Louis secoua affirmativement la tête.

—Eh bien ! reprit Emile, vous n'êtes pas du tout aimable aujourd'hui, et si vous ne me dites pas ce qui vous met en si vilaine humeur, vous n'aurez plus besoin de gronder ; car je ne vous aimerai pas.

— Et dès que tu ne m'aimeras plus, je partirai.

— Voyez-vous comme monsieur est capricieux ! Tout-à-l'heure il ne voulait pas être aimé, et voilà que si on ne l'aime pas, il s'en ira.

— Oui, je m'en irai ; car je veux bien rester avec des amis ; mais je ne veux pas m'imposer à des étrangers qui me feraient l'aumône.

—Mais qu'a-t-il donc? murmura Emile en regardant attentivement le vieillard. Je vois ce que c'est : il a vu une maison qui lui

plairait beaucoup et il ne peut plus l'acheter.
Pauvre homme ! si je pouvais le consoler.

Alors il le prit par la main, l'entraîna vers
le banc de bois peint, placé à l'entrée de
l'habitation, l'y fit asseoir et se plaça auprès
de lui.

— Monsieur Louis, lui dit-il, vous m'a-
vez dit de vilaines paroles, et si vous ne voulez pas que je les répète à mon père, il faut
que vous répariez cela en me contant quelque chose de bien intéressant.

— Mais je ne sais plus rien ; je t'ai déjà tout
dit et rien n'est insipide comme de se répéter.

— Aussi je ne demande pas que vous vous
répétiez ; je laisse le sujet à votre choix ; mais
je me réserve de décider si je dois ou non
faire la paix avec vous.

— Je vais aller faire mon compliment à
Guérin. Il t'a joliment élevé, mon garçon,
et pour corriger la mauvaise tête qu'il t'a
donnée, il te faudra au moins cinq ou six
ans de service.

— On les fera, s'il le faut ; mais dites toujours votre histoire.

— Tu y tiens ?

— Beaucoup.

—Je commence donc. J'ai connu pendant une de mes campagnes un vieux marin qui, après avoir amassé une assez jolie fortune, en allant du Havre aux Indes et en revenant des Indes au Havre, sur un beau brick dont il était le capitaine, se mit un jour à penser qu'il avait bien assez travaillé, bien assez exposé sa vie, et qu'il était temps qu'il renonçât à son métier de dangers et de fatigues s'il voulait goûter pendant quelques années ce qu'on appelle le repos et les joies de la famille. Il n'avait jamais été marié : mais comme il avait tout près de soixante ans, et qu'il avait gagné par-ci par-là un coup de sabre, un coup de hache et une balle de mousquet, il eut le bon esprit de se dire qu'il était trop tard pour qu'il pût raisonnablement songer à prendre femme. Il avait eu deux sœurs qu'il avait aimées de tout son cœur et auxquelles il avait en quelque sorte servi de père ; car il était leur aîné de dix à douze ans et était resté leur seul protecteur. Mais elles étaient mortes, laissant chacune un fils. C'était donc à ses neveux que se ré-

duisait toute la famille du vieux loup de mer.
L'un de ces jeunes gens était déjà marié ;
l'autre faisait son droit, et tous les deux ha-
bitaient Paris. Une fois décidé à renoncer à
sa vie aventureuse, notre homme, qui était
à Calcutta, attendit impatiemment le bon
vent pour jeter l'ancre ; il lui semblait qu'il
n'arriverait jamais assez tôt, tant il lui tar-
dait d'embrasser ses deux chers neveux, ses
deux enfants, comme il les appelait. Pour
tromper son impatience, il ajoutait chaque
jour quelque chose à sa cargaison, et il était
tout étonné de se trouver si désireux d'être
riche, lui qui jamais ne s'en était préoccupé.
Enfin, après une longue attente, le bâtiment mit à la voile par une jolie brise et l'on
eût dit qu'il comprenait le vœu de son capitaine ; car il fuyait comme un bon cheval
pressé par l'éperon. « Nous ne marchons
pas, » disait pourtant le vieux marin.

« Pardon, capitaine, nous filons douze
nœuds à l'heure, et m'est avis que c'est une
jolie marche pour le *Bon-Sauveur,* qui est un
brave vaisseau, mais qui n'a jamais passé
pour fin voilier.

— Donne-nous encore un peu de toile, mon brave.

— Impossible, capitaine ; nous marchons toutes voiles dehors et nous ne pourrions pas sans danger mettre seulement une bonnette de plus au vent.

— Ecoute, timonier, c'est que je suis pressé d'arriver.

— Je le vois, parbleu ! bien, mon capitaine. Et sauf le respect que je vous dois, je ne peux pas me figurer ce qu'il y a de nouveau là-bas qui puisse vous rappeler si vite.

— Si je te le disais, en irions-nous mieux ?

— Je le voudrais ; mais je n'ose pas promettre ce que je ne pourrais pas tenir.

— Ce qui veut dire que tu meurs d'envie de savoir ce qui me presse, n'est-ce pas ? Eh bien ! tu seras satisfait. Voilà le dernier voyage que nous faisons ensemble, mon brave Breton ; je suis assez riche, je veux me reposer, et si ça te tente, comme nous sommes deux vieux camarades, je t'offre de te reposer avec moi.

— Bien obligé, capitaine ; mais moi, je ne me repose qu'à bord, et ça irait bien mal

si je ne voyageais plus. D'ailleurs, ma brave
femme de mère est morte il y a six ans ; depuis ce moment-là, je n'ai plus rien qui me
retienne à terre ; je ne peux pas voir notre
village, je ne peux pas entrer dans la chau-
mière qu'elle m'a laissée, vivre tout seul où
nous avons vécu si heureux, elle et moi ; ça
me fend le cœur. »

En disant ces mots, le marin essuyait du
revers de sa main une grosse larme qui rou-
lait dans ses yeux, et, tout honteux de sa
faiblesse, il reprit rudement :

« Mais vous, mon capitaine, vous n'avez
plus personne là-bas, non plus.

— Si fait, mon ami, j'ai deux neveux,
que j'aime comme mes enfants et qui me
pressent d'aller leur tenir lieu de tous ceux
qu'ils ont perdus.

— Bah ! ce sont eux qui vous invitent ?

— Sans doute. Est-ce que cela t'étonne ?

— C'est qu'il me semble qu'ils ne vous
connaissent pas. Il y a si longtemps que
vous ne les avez vus.

— Oh ! c'est vrai. L'aîné, celui qui a
femme et enfants, n'avait pas plus de douze

ans la dernière fois que je l'ai embrassé, et l'autre n'en avait que dix. Mais il paraît que leurs mères, mes deux pauvres sœurs, leur ont parlé de moi et ils me poursuivent depuis quelque temps de leurs prières, pour que je renonce à mes courses périlleuses et que je me fixe auprès d'eux.

— Est-ce qu'ils demeurent ensemble?

— Non, et c'est ce qui me contrarie; car je ne sais pas avec lequel des deux je veux me décider à rester.

—Dame! quand vous les aurez vus, vous choisirez; à moins que, pour vous, ils ne consentent à ne faire qu'une famille.

—Oh! je n'espère pas cela. Figure-toi, Breton, que chacun d'eux m'écrit en cachette de l'autre, et met tout en œuvre pour obtenir la préférence sur son rival.

— Vous venez de dire là un mot qui pourrait bien être vrai, mon capitaine, si chacun de vos neveux tient si fort à vous accaparer.

— Que veux-tu dire?

—Dame! que vous passez pour être riche, et que les oncles à succession rendent les neveux jaloux. Ne riez pas, mon capitaine, ça s'est vu.

— Est-ce que tu crois que je suis million-naire?

— Je sais bien que non ; vous êtes trop juste et trop généreux pour avoir fait une fortune comme ça ; mais vous pourriez l'être. Et quand vous ne le seriez pas, on se contenterait de ce que vous avez.

— Quelle vilaine idée tu as là, Breton ! Si je ne te connaissais pas si bien, je croirais que tu ne me parles de la sorte que pour me faire de la peine.

— Et vous auriez grand tort, mon capi-taine ; car c'est parce que je vous aime que je vous dis cela. Nous autres marins, voyez-vous, nous avons bien des défauts ; mais nous avons aussi des qualités : ainsi nous sommes brusques, entêtés, querelleurs, mais nous avons le cœur sur la main et sur les lèvres ; ce qui fait que nous ne pouvons pas croire que les autres nous trompent et que nous sommes toujours leur dupe. Tenez, il y a deux ans tout au plus, un vieux de ma façon me dit : Breton, j'ai assez couru le

8.

monde, j'ai quelques économies, je vais me reposer ; absolument comme vous, mon capitaine. — Va, mon fils, que je lui dis, et si tu en es content, je ferai peut-être comme toi. A mon dernier voyage, je le rencontre sur le quai ; au moment où nous débarquions, il embarquait. Tiens, que je lui dis ; ça t'a repris, donc !... Tu n'as pas pu vivre à terre. — Il me tire à l'écart et me dit tout bas : — Ils ont mangé tout ce que j'avais, mon ami ; puis ils m'ont chassé.—Ce n'étaient pas ses neveux, c'étaient ses frères. Et voilà, mon capitaine, pourquoi, je me suis permis de vous causer en ami. »

Matthias ne répondit pas. C'était la première fois qu'un doute sur la sincérité de l'affection dont il était l'objet traversait son esprit, et ce doute l'attristait. Breton se retira en silence, moitié content d'avoir dit sa façon de penser, moitié fâché d'avoir déplu à son capitaine. Il ne fut plus question de cela, et comme le vent continuait d'être favorable, le bâtiment toucha terre après une traversée de deux mois.

Arrivé au Havre, notre marin écrivit

à l'aîné de ses neveux, lui annonçant qu'il serait à Paris trois jours après.

Dans ce temps-là, le chemin de fer ne reliait pas encore la capitale de la France au port le plus important de la côte occidentale ; les diligences seules transportaient les voyageurs d'une de ces villes à l'autre. Quand la lourde machine qui portait notre capitaine entra dans la cour de l'hôtel des Messageries royales, un homme de vingt-huit ans environ s'y promenait de long en large avec une impatience marquée. Sitôt que le conducteur fut descendu de son siége, il s'approcha de lui et lui demanda s'il amenait le capitaine Matthias.

« La diligence est au complet, répondit le conducteur ; mais il n'y a pas de capitaine ; pourtant je crois qu'il y a un monsieur du nom que vous dites. Attendez… oui, voilà : M. Matthias, une place d'impériale. »

Un nuage passa sur le front du jeune homme ; il eût mieux aimé que son oncle eût une place de coupé ; mais bientôt toute sa sérénité revint.

Il aura voulu fumer, pensa-t-il, et il y a deux dames dans le coupé.

« Vite ton échelle ici , dit-il à un des garçons , vite, que j'embrasse mon oncle ! »

Et, s'élançant, il vint tomber dans les bras du capitaine, qui le serra avec effusion contre son cœur. On descendit et le marin, entraîné par le jeune homme , monta avec lui en cabriolet.

« J'aurais bien été à pied jusque chez toi , mon ami , lui dit-il ; j'ai les jambes engourdies ; car on est entassé dans ces voitures !..

— J'y ai pensé, mon oncle; mais ma femme vous attend et elle ne me pardonnerait pas d'avoir retardé d'une heure le plaisir qu'elle se promet de vous embrasser.

— Elle m'aime donc sans me connaître?

— Elle vous connaît, mon oncle; elle sait combien vous avez été bon pour ma mère et elle se réjouit de vous prouver que nous ne sommes pas des ingrats.

— Tu as une digne femme , mon ami, puisqu'elle se croit obligée d'acquitter les dettes de reconnaissance contractées par ta mère, et je t'en félicite de tout mon cœur. »

Le cocher, stimulé par un bon pour-boire, mena si bien ses chevaux, qu'un quart d'heure après le jeune homme, que nous appellerons Théodore, présentait au capitaine sa femme et un petit garçon de trois ans, leur unique enfant.

Malgré toutes les noires idées que le maître timonier avait fait germer dans son cerveau, le marin fut si enchanté de l'accueil qu'on lui fit, qu'il oublia tout le reste, et s'écria du fond de son cœur : « Mon Dieu ! que je vais être heureux avec ces chers enfants !

— Et vous ne nous quitterez plus mon oncle, s'écria Théodore, en lui serrant les mains. Voulez-vous nous promettre de ne jamais nous quitter ?

— Jamais est un grand mot, que l'homme sage ne prononce pas souvent, mon fils, dit le vieillard ; mais je resterai avec vous le plus que je pourrai. Es-tu content ?

— Oh ! moi, je ne le suis pas, dit la jeune femme. Il me faut tout ou rien. D'abord, je sens que, si vous restez quelques jours avec nous, je vous aimerai tant, que quand vous nous quitterez j'en serai malheureuse. Et puis où iriez-vous? Nous vous câlinerons tant, nous vous ferons la vie si douce, que vous ne songerez pas à vous éloigner de nous. »

Le capitaine, sur l'invitation de Théodore, se débarrassa de son manteau, et les deux jeunes gens le regardèrent stupéfaits. Sous ce manteau, ample, bien fait, garni d'une riche fourrure, le marin portait une redingote râpée et rapiécée en plus d'un endroit, un gilet dont un long usage avait altéré la couleur et un pantalon de drap grossier. Sa chemise de toile de coton bleue et blanche, au lieu d'être ornée de boutons de diamants, comme s'y attendait sa nièce, n'était attachée que par une épingle de laiton, et les deux bouts de sa cravate, effilés par un service quotidien, ne suffisaient pas à cacher les reprises que l'aiguille inhabile du marin avait faites aux plis de cette chemise. Cet accoutrement n'était pas, à coup sûr, celui d'un millionnaire ; mais l'ensemble en était d'une irréprochable propreté, Matthias ayant pu se résoudre à passer pour pauvre, mais non à inspirer du dégoût.

L'étonnement de son neveu et de sa nièce ne lui avait pas échappé ; mais il feignit de ne s'en être pas aperçu et, s'étant placé au coin du feu, dans le fauteuil qu'on lui avait préparé, il tendit la main à Théodore.

« Tu es un brave garçon, mon ami, lui dit-il ; je suis ravi de l'accueil que tu me fais, ainsi que ta charmante petite femme, et je remercie Dieu de m'avoir conduit chez vous; car votre tendresse toute filiale me fera oublier mes chagrins.

— Vos chagrins, mon oncle... Que vous est-il donc arrivé? demanda la jeune femme.

— Un irréparable malheur, un malheur que je regrette surtout depuis que je vous ai revus. Vous savez combien j'ai travaillé.... J'avais amassé quelque chose comme quatre cent mille francs, et je n'ai pas besoin de vous dire à qui je les destinais.... Mais le bâtiment qui portait ma petite fortune a fait naufrage sur les côtes d'Espagne ; on est parvenu à sauver l'équipage, et non la cargaison.

— Et vous êtes ruiné ! s'écrièrent en même temps Théodore et sa femme.

—Si complètement ruiné, que l'habit que je porte ne m'appartient pas ; je vais m'en faire tailler un autre dans le manteau que voici, et je renverrai celui-là à mon brave timonier, en lui disant qu'il peut reprendre la mer sans moi, puisque j'ai trouvé un toit hospitalier. »

Le front des deux jeunes gens se rembrunissait de plus en plus ; ils avaient cru d'abord que si le capitaine était pauvrement vêtu, c'est qu'il lui plaisait d'être ainsi ; mais en apprenant qu'il ne possédait plus rien, ils éprouvaient un tel désappointement, qu'il leur était impossible de le cacher.

« Et quand repart-il, votre timonier ? demanda la jeune femme.

— Mais dans une quinzaine de jours, je suppose, répondit le vieillard, à moins que les vents ne soient contraires ; ce qui le retiendrait à terre un peu plus longtemps, et pourrait fort bien arriver dans la saison où nous sommes. »

Les deux époux échangèrent un coup d'œil

et sourirent comme des gens qui s'entendent à merveille. La domestique vint annoncer que le dîner était servi et l'oncle passa dans la salle à manger, après sa nièce, qui partit sans façon, en donnant la main à son fils. On se mit à table et l'on servit toujours le premier l'enfant, qui, soit dit en passant, était fort mal élevé. Le marin, qui s'était promis de faire bonne contenance, ne dit rien, quoiqu'il en eût grande envie. On ne s'occupa presque pas de lui et, madame étant sortie vers le milieu du repas, le capitaine l'entendit dire à la cuisinière :

« Remportez ce plat, Marguerite, on a assez dîné. »

Le brave homme voulait se lever et quitter sur-le-champ cette maison ; mais il voulut pousser l'épreuve un peu plus loin encore, et, se disant très-fatigué, ce qui était croyable après le voyage qu'il avait fait, il pria Théodore de le conduire à sa chambre.

On monta au premier et l'on entra dans une charmante petite pièce meublée avec un goût exquis, sur la cheminée de laquelle le marin remarqua d'abord une énorme pipe et un paquet de cigares.

— Vous êtes chez vous, mon oncle, allait dire Théodore, quand Amélie parut.

— Je suis heureux de vous embrasser, ma chère nièce, et de vous remercier de votre aimable attention, lui dit le marin, en étendant la main vers la pipe.

— Pardon, mon oncle, répondit Amélie, avec un embarras mal joué, mais cette chambre n'est pas la vôtre. Je vous en ai choisi une autre plus petite, mais qui, j'en suis sûre, vous conviendra mieux.

— Vraiment je me trouve très-bien ici, mon enfant.

— Non, non, venez, mon oncle, vous serez mieux là-haut.

Et elle conduisit le capitaine dans une petite chambre du cinquième étage, où il n'y avait ni tapis, ni feu, ni pipe, ni tabac. Arrivée là, elle lui fit une petite révérence ironique et se retira.

— Sois tranquille, dit-elle à son mari, avant quinze jours il sera parti. A-t-on jamais vu pareille mystification ? Nous atten-

dons un oncle qui doit nous rendre riches,
riches ; voilà qu'il nous tombe sur les bras
un vieux bonhomme qui n'a pas deux sous
vaillant et qui, par-dessus le marché, se
laisse choyer comme un prince avant d'a-
vouer sa misère. Il paiera tout cela, le cher
oncle, il peut y compter.

Théodore se contenta de sourire, en haus-
sant les épaules ; mais ce sourire était plein
de dépit, et sans doute il désirait autant
qu'Amélie d'être débarrassé du vieillard ;
car il ne la désapprouva pas.

Je ne puis te dire, mon enfant, tout ce
que le pauvre capitaine eut à souffrir pendant les quinze jours qu'il passa dans cette
maison. Pas une parole agréable ne lui était
adressée et chaque fois que l'occasion se présentait de l'humilier par un manque d'é-
gards, ou par un reproche, on ne la laissait
pas échapper ; mais ce qui lui fut plus amer
encore que tout le reste, ce fut de voir s'en
aller en fumée l'espoir qu'il avait conçu de
passer sa vieillesse entouré de l'affection des
enfants de sa bonne sœur. Il pleura plus
d'une fois, quoique ce fût un vaillant cœur,

un homme habitué à souffrir ; mais il s'é-
tait promis de rester là quinze jours, il tint
parole, et se montra plein de patience, de
douceur, de bonté ; car il ne voulait pas
avoir plus tard à se dire que, si l'on s'était
mal conduit envers lui, son caractère violent en était la cause.

Enfin, quand le terme qu'il s'était fixé fut
écoulé, il déclara qu'il allait reprendre la
mer et dit adieu à Théodore et à Amélie,
qu'il laissa aussi contents de son départ
qu'ils l'avaient été de son arrivée.

—C'étaient deux mauvais cœurs, dit
Emile, et quand leur oncle eût été riche à
millions, ils ne l'auraient pas rendu heureux;
car il aurait toujours fini par s'apercevoir
que c'était sa fortune seule qu'on aimait.

— Je suis de ton avis, et Matthias en était
aussi; car il écrivit à son timonier pour le
remercier du bon conseil qu'il lui avait
donné. Sous cepli, il avait placé une lettre
à l'adresse de son second neveu : Breton la
mit à la poste et, au jour qu'elle marquait
comme celui de l'arrivée du capitaine, celui-
ci se rendit aux messageries. Mais il eut beau

attendre, Paul ne vint pas. Notre marin en augura bien et se rendit chez lui. Il n'y avait personne, et le portier dit que le locataire qu'on demandait ne rentrait jamais que vers le milieu de la nuit.

Les portiers sont, pour la plupart du moins, des gens dont il est facile de délier la langue sur le compte de ceux dont ils croient avoir à se plaindre, et bientôt notre capitaine sut qu'il avait pour neveu l'un des plus mauvais sujets qu'on pût trouver, un joueur, un querelleur, un paresseux, un débauché qui avait dépensé tout son avoir et ne pouvait même plus payer son terme. Il avait eu si peur de trouver Paul aussi froidement méchant et aussi avide que Théodore, qu'il apprit sans trop de chagrin tout ce que je viens de te dire.

Cet enfant s'est égaré parce qu'il n'avait pas de guide, pensa-t-il ; mais me voici, et il faudra bien qu'il se corrige.

Il revint vers minuit, et, glissant deux pièces de cinq francs dans la main du portier, il obtint la permission d'attendre le retour de Paul. Celui-ci rentra vers deux

heures; il était pâle, avait les traits boule-
versés et se soutenait à peine.

— Bonjour, Paul, dit le capitaine.

— Ah! c'est vous, mon oncle, répondit
le jeune homme; pardon, je ne vous attendais pas, je serais rentré plus tôt.

— N'as-tu donc pas reçu ma lettre?

— Si fait; mais j'ai tant d'occupations,
que je vous prie de me pardonner...

— Et des occupations très-importantes, à
ce qu'il me paraît, murmura le capitaine.

— Voulez-vous monter chez moi, mon
oncle?

— Sans doute, mon ami. Tu m'as offert
de venir demeurer avec toi, et j'accepte.

— Vous venez un peu tard, mon oncle.

— Mieux vaut tard que jamais, mon enfant. Ne le penses-tu pas comme moi?

— Je suis ruiné, mon oncle, dit Paul,
songeant qu'il fallait que cet aveu vînt tôt ou
tard.

— Et moi aussi, Paul. Mais tu es jeune,
je suis encore courageux, il ne faut désespé-
rer de rien.

—Comment ! vous aussi ; vous êtes ruiné ?
Mais alors mes créanciers...

— Tu leur avais donc parlé du bon oncle ?
Allons, rassure-toi ; je les verrai et, comme
ils croiront mieux à ma parole qu'à la tienne,
ils nous donneront du temps pour nous acquitter,

— Bah ! du temps ! c'est bien de cela qu'il
s'agit vraiment ! Est-ce qu'il ne faut pas
vivre en attendant ?

— Sans doute ; mais en travaillant on vit.

— Travailler ! fit Paul, avec un éclat de
rire qui donna le frisson au capitaine. D'où
venez-vous donc pour me parler de cela ?
Ecoutez, il est inutile que je cherche à vous
tromper : je ne travaillerai jamais, n'y comp-
tez pas. Quant au reste, comme, après tout,
vous êtes mon oncle, si vous voulez partager ma chambre, tant qu'on me la laissera,
ne vous gênez pas.

En même temps Paul montait jusqu'au
sixième étage, suivi du vieux marin, qui se
disait : J'aime encore mieux celui-ci que
l'autre ; mais j'ai bien peur d'être arrivé,
comme il le dit, trop tard.

La chambre de Paul avait l'aspect repoussant de tout ce qui est désordre. En un tour de main le vieux capitaine, habitué à une excessive propreté, rangea les objets qui gisaient pêle-mêle sur le plancher. Voyant que le jeune homme n'était guère en état de l'entendre, il remit sa morale au lendemain, et s'assit dans un fauteuil. Quant à Paul, il se jeta tout habillé sur son lit, et bientôt on l'entendit ronfler bruyamment.

Le marin ne dormit pas; il réfléchissait à ce qu'il pourrait faire pour retirer son neveu de l'abîme où il se précipitait. Le jour venu, il attendit le réveil de Paul et lui dit tout ce que la raison, l'expérience et l'affection la plus vraie pouvaient inspirer de touchant; mais, après l'avoir écouté pendant quelques instants avec patience, Paul l'interrompit.

— Je m'étais réjoui de votre retour, mon oncle, lui dit-il, parce que je croyais que vous étiez riche; je vous ai reçu hier quoique j'eusse appris que vous ne l'étiez pas; mais je vous préviens que je ne suis pas du tout disposé à recevoir des leçons et je vous engage, dans votre intérêt, à m'épargner un ennui et à vous une peine inutile.

Matthias ne se rebuta pas. Chassé tous les jours, il revint tous les jours, se montra tour à tour paternel et sévère, paya les dettes de son neveu, lui offrit une place chez un négociant pour lequel il avait voyagé, et fit tout ce qu'il était possible de faire pour le ramener dans le bon chemin. Il n'avait passé que quinze jours chez Théodore, il resta six mois avec Paul; mais, reconnaissant l'inutilité de ses soins et voyant toutes ses épargnes s'engloutir dans le gouffre du jeu et de la débauche, il abandonna le malheureux jeune homme et se demanda ce qu'il allait faire.

— C'était assez embarrassant, dit Émile; voyons comment il s'en tira.

— Je ne puis te le dire, mon enfant; car au moment où je quittai Paris, Matthias s'en éloignait aussi, sans être encore bien certain du lieu vers lequel il devait se diriger, et je n'ai pas eu de ses nouvelles.

— Il sera allé retrouver son timonier et il aura bien fait; car celui-là l'aime, tandis que les autres...

9.

— Tu crois que Paul ne l'aime pas?

— Est-ce que, s'il l'aimait, il ne se cor-
rigerait pas? On peut tout faire, mon bon
monsieur Louis, tout pour ceux qu'on aime.

— Ainsi tu peux me pardonner ma brusquerie de tout-à-l'heure?

Emile embrassa tendrement le vieux soldat.

— Vous essayez inutilement de faire le
méchant, lui dit-il; vous êtes aussi bon que
le capitaine dont vous venez de me conter
l'histoire.

— Il t'intéresse?

— Beaucoup, et je voudrais biens avoir ce
qu'il fera.

— Eh bien! sois tranquille, tu le sau-
ras.

# VIII.

A part quelques instants de brusquerie
semblables à celui qu'Emile avait eu à lui
reprocher, M. Louis était le meilleur homme
du monde, toujours gai, toujours chantant,
toujours prêt à obliger qui que ce fût. La
maison de Guérin s'était animée de sa présence et il était devenu tout-à-fait indispensable à son ancien camarade. On ne se gê-
nait plus du tout avec lui; quand Emile et
son père partaient pour se livrer aux travaux des champs, dont il était nécessaire
que le jeune homme prît l'habitude, Louis

les suivait quand bon lui semblait, et c'était presque toujours ; car il n'aimait pas à rester oisif et , bien qu'il ne connût pas grand' chose à ce genre de travail , il trouvait le moyen de se rendre utile. Quand la goutte, dont il souffrait quelquefois, le forçait de rester à la maison , il prenait soin du bétail et préparait le repas de ses deux compagnons.

Des huit cents francs qu'il touchait annuellement, quatre cents étaient employés à payer la rente dont il avait parlé à Guérin , cent cinquante à acquitter le prix de sa pension et le reste était mis de côté pour fournir la somme qu'il voulait rembourser. Le premier de chaque mois, il remettait au capitaine les douze francs cinquante centimes qu'il était convenu de lui payer et Guérin ne les recevait jamais , sans faire un violent effort pour ne pas les refuser.

Enfin , un an à peu près après son arrivée à Lissey , le capitaine lui dit :

—Tu me quitteras si tu veux, Louis ; mais je ne puis, en conscience, accepter ton argent, puisque tu travailles pour moi.

—Tu as tort ; car je me fais vieux et bientôt je serai tout-à-fait à ta charge.

—Eh bien ! alors tu me paieras, si toutefois tu as fini de t'acquitter envers les autres. Mais il vaut mieux, vois-tu, que tu ajoutes à ta masse ce que tu me donnes et que tu fasses bientôt un petit paiement afin que ta rente diminue. Et, tiens, si tu voulais être bon enfant : j'ai là quinze cents francs, tu les enverrais à cette brave femme avec le peu que tu as et tu te trouverais déjà soulagé de moitié.

—Mais je te les devrais, à toi ; car tu n'as pas envie de m'en faire cadeau, sans doute.

— Non vraiment. D'abord tu ne l'accepterais pas ; puis cet argent ne m'appartient pas, puisque j'ai un fils qui en aura besoin un jour ; mais d'ici-là tu pourrais t'en servir sans scrupule ; car je n'ai pas l'intention de le placer.

— Tu veux donc me le prêter sans intérêt ?

— Oui, jusqu'à ce que j'aie trouvé un champ ou un pré qui me convienne ; c'est à cet achat que je le destine, et comme cela peut se trouver d'un jour à l'autre, je ne puis remettre cette petite somme à mon notaire. Mais je te promets qu'aussitôt que j'aurai trouvé à l'employer, j'en exigerai la rente à cinq pour cent; ni plus ni moins que le plus rigide créancier. Est-ce une affaire entendue ?

— Oui, puisque j'ai ta parole. Tu me les remettras quand tu voudras.

— A l'instant même.

— Voici mon reçu.

Guérin prit le billet que Louis lui tendait, et, sans y jeter les yeux, le plaça dans la cassette où il serrait tous ses papiers.

Quelque temps après, on annonça que la jolie ferme qui eût tenté Louis s'il se fût trouvé assez riche pour l'acheter, serait vendue soit en détail, soit en un seul lot. Louis, qui souffrait depuis quelques semaines et ne quittait presque plus la maison, tomba malade tout-à-fait. Bien qu'il eût déclaré qu'il ne voulait pas voir de médecin, Emile courut chercher celui de la ville voisine.

Le docteur ne trouva pas la maladie dangereuse ; mais il laissa craindre à Guérin que son ami ne restât paralysé.

— Ah ! mon Dieu, prenez-moi plutôt ! dit Louis, à l'oreille duquel cette réponse était parvenue.

— Méchant ami ! lui dit Emile, qui était resté près de lui, vous aimeriez donc mieux nous quitter que de souffrir auprès de nous ?

— Tu n'as donc pas compris ? Tu ne sais donc pas ce que c'est que d'être paralysé ? Ah ! mon pauvre enfant, je serais pour vous une lourde croix !...

— Allons donc ! est-ce que je ne suis pas jeune et fort, moi ? Est-ce que je ne vous aime pas assez pour vous bien soigner ? Si vous étiez paralysé ce serait un grand malheur, sans doute ; mais si vous mourriez c'en serait un bien plus cruel encore. Pensez un peu à notre chagrin et vous désirerez de vivre, si vous n'êtes pas tout-à-fait égoïste.

— Et de quoi me servira-t-il de le désirer ?

— Comment ! vous ne devinez pas cela ? Si vous souhaitez de vivre, vous obéirez exactement au médecin, vous prendrez tout ce que je vous présenterai et je suis sûr que, si vous le faites, dans quelques semaines vous serez parfaitement guéri.

— Soit, je t'obéirai, mon enfant; car tu as raison, il est bon de vivre quand on est aimé de deux cœurs comme les vôtres.

— A la bonne heure, vous voilà redevenu raisonnable.

De ce moment, Emile s'installa au chevet de son vieil ami, le soigna avec une sollicitude et une patience à toute épreuve. Guérin venait en aide à son fils, et entre eux deux Louis eût pu se croire au milieu de sa famille. Au bout de quinze jours, le malade entra en convalescence: il commença de se lever et la prédiction d'Emile se réalisa; il n'était pas paralysé. Rien n'égala la joie de l'enfant lorsqu'il le vit debout; il n'eût pu en ressentir davantage si Louis eût été son père.

Après l'avoir assidûmant soigné, on s'occupa de le distraire. Emile apporta près de lui ses livres et sa table de travail, Guérin y reprit ses leçons d'agriculture, auxquelles

personne n'avait songé pendant cette maladie. Il crut même nécessaire de recommen-
cer tout ce qu'il avait déjà dit; et si quelqu'un
lui en sut gré, ce fut le bon Louis.

— Tu verras, Emile, que je saurais mon
métier mieux que toi, disait-il, et que tout
le monde admirera le beau troupeau dont tu
me confieras la garde; car il est entendu
que je serai ton berger, n'est-ce pas?

—Vous savez bien que vous êtes le maître
ici, répondait Emile, et que mon père et
moi nous ne faisons que ce que vous voulez.

— C'est pourtant vrai, fit Louis avec at-
tendrissement. Ils me logent, me nourrissent,
me soignent, et c'est moi qui leur com-
mande. Oh ! les deux bons et braves cœurs !
Voyons, Guérin, ajouta-t-il au bout d'un
instant, il faut que tu m'instruises aussi,
puisque je veux me rendre utile. Quels sont
les devoirs du berger? Tu ris, Emile; tu
penses que j'ai choisi un métier de paresseux.

—Emile se tromperait, dit M. Guérin.
Toute la besogne du berger ne se réduit pas
à regarder paître ses troupeaux; il a bien
autre chose à faire. D'abord il faut qu'il

dresse ses chiens, s'il veut pouvoir se reposer sur eux du soin de ses bêtes. Ensuite il a chaque soir à s'occuper de distribuer le fourrage et la litière, à soigner les brebis et les agneaux, à écarter tout danger de maladie, à tout faire quand, malgré ses soins, la maladie est venue, pour empêcher qu'elle ne se communique, et pour guérir l'animal qui en est atteint.

—Ah diable ! c'est qu'il faut s'y connaître pour cela.

— Il ne manque pas de livres qui aident celui qui les consulte à reconnaître les maladies et à y appliquer le remède. Je t'en donnerai un quand tu voudras. Mais en général voici ce qu'on peut conseiller : la propreté étant nécessaire à la santé des animaux comme à celle de l'homme, il faut tenir les étables propres, les choisir bien aérées, mêler de temps en temps du sel à la nourriture des troupeaux, ne pas les mener paître dans des lieux trop humides, conduire les jeunes agneaux dans des pacages peu éloignés, afin de ne pas les fatiguer, et, si le troupeau est considérable, le diviser en deux ou trois parties, afin que les moutons de même force se trouvent ensemble.

Il faut éviter de donner aux moutons du trèfle séché ; cette nourriture leur est très-nuisible et souvent mortelle. Quand on veut les engraisser, on peut leur donner des carottes, des betteraves, des navets découpés et saupoudrés de tourteaux de lin pilés, de colza, de navette, de chenevis, ou de grosse farine d'orge et d'avoine.

Enfin, il faut choisir, pour tondre le troupeau, un jour sec et chaud. C'est un conseil à donner aux bergers ; car on a vu périr de pauvres agneaux qu'on avait lavés et tondus par le froid.

— Il faut être méchant, dit Emile, pour enlever à ces pauvres bêtes leur toison par un temps de pluie ou de froid, et je me rappelle que l'année dernière tout le monde a blâmé Petit-Pierre, qui ne s'en était pas inquiété.

— Je me méfierais beaucoup d'un homme que je verrais cruel envers les animaux, dit Louis ; maltraiter les pauvres bêtes qui nous servent est la preuve d'un cœur dur et ingrat ;

aussi je me suis mis en colère l'autre jour contre un charretier qui, au lieu d'aider son cheval à sortir d'un mauvais pas où il l'avait sottement engagé, le frappait de toutes ses forces. Peu s'en est fallu que je ne prisse le fouet pour l'en frapper à son tour ; je lui ai du moins fait honte de sa brutalité, puis, l'envoyant pousser à la roue, j'ai pris le cheval par la bride et je suis parvenu enfin à le tirer de là.

— C'est sans doute ce mauvais petit drôle que François a pris dernièrement à son service, et qui s'est déjà battu deux ou trois fois avec les enfants du village. Je ne sais pas comment François le garde, ajouta Émile.

— C'est parce qu'il espère le corriger, mon ami, répondit M. Guérin. Ne soyons jamais trop sévères pour qui que ce soit, nous aurions à nous en repentir. Ainsi tu viens de parler de ce domestique, qui, à la vérité, est brutal et querelleur ; mais tu ne sais pas que, privé dès le berceau de son père et de sa mère, il n'a jamais reçu ni une caresse, ni un bon conseil, rendu profitable par une parole d'amitié. Il ne connaît pas le premier mot de son catéchisme, il ne sait peut-être pas même s'il y a un Dieu ; comment pourrait-il être doux, bon et aimable ? François va le garder tout cet hiver ; il le fera aller à l'école, il priera notre digne curé de l'instruire et, s'il montre un peu de docilité et de bonne volonté, il le gardera. Et j'espère qu'il en sera ainsi ; car ce jeune garçon, n'ayant jamais obéi qu'à la force, ayant eu à souffrir beaucoup de mauvais traitements, ne saurait manquer d'être touché de l'intérêt qu'on lui témoigne et des affectueuses leçons du bon fermier.

— Puisqu'il a été si mal élevé, je suis plus coupable de lui avoir adressé des reproches que lui de les avoir mérités, et tu peux être tranquille, mon père, je réparerai ma faute en priant mes amis d'avoir pour lui, quand il viendra prendre part à nos jeux, un peu plus d'indulgence.

— Tu feras bien : celui qu'on repousse prend les hommes en haine et devient méchant pour se venger de leurs dédains, tandis que souvent une bonne parole le désarme.

François, qui est un homme d'un grand sens, a bien compris cela, et il n'est si doux avec aucun de ses domestiques qu'avec celui dont nous parlons.

— Qui sait? Il réussira peut-être à en faire un brave garçon, dit Louis. Voilà encore un grand avantage qu'ont les laboureurs et les fermiers : c'est de pouvoir recueillir un enfant malheureux et abandonné, sans qu'il leur en coûte beaucoup, puisqu'ils trouvent presque toujours à l'occuper utilement.

— C'est une aumône qui n'humilie pas celui qui la reçoit, et qui enrichit souvent celui qui la fait. J'ai connu, à quelques lieues d'ici, un cultivateur qui, à la mort d'un pauvre ouvrier son voisin, se chargea d'un des enfants qu'il laissait. Il l'éleva, lui donna de bons principes, lui servit de père en un mot ; de son côté, l'enfant s'attacha à lui, partagea ses travaux et nourrit plus tard celui qui l'avait recueilli. Tu parles d'un bon berger, Louis ; c'est celui-là qu'il fallait voir. Il n'y avait pas dans tout le pays de plus belles brebis, de bœufs plus forts, de vaches mieux portantes qu'à la ferme dont il avait

pris la conduite. Il y avait des gens qui al-
laient jusqu'à dire, tant cette prospérité des
troupeaux qu'il soignait les étonnait, qu'il
était un peu sorcier. Pour donner le démenti
à ces sottes suppositions, il était peu jaloux
de ses secrets et je me rappelle qu'il recom-
mandait aux paysans ses voisins de prendre
bien soin des brebis avant l'agnelage, de
leur donner des tourteaux de lin ou de la
farine de seigle délayée dans de l'eau, de
mêler de temps en temps du sel à leur nourriture, de les tenir, après la naissance des
agneaux, dans une étable où il n'y eût pas
de courants d'air, sur une bonne litière, et
de leur faire boire un peu de vin. Il conser-
vait, de préférence à tous les autres, les veaux
nés au mois d'avril, comme devant donner
des bœufs plus forts. Tant que ces bêtes
étaient destinées au labourage, il les mettait dans des étables propres et saines, mais
peu chaudes, tandis que, quand il voulait
les engraisser, il les tenait le plus chaude-
ment possible, veillait à ce que leur litière
fût souvent renouvelée et ajoutait du sel et
de la farine d'orge ou d'avoine aux racines

coupées qu'il leur donnait. Il choisissait
pour le labour les bœufs à cornes moyennes,
et disait que les vaches à cornes courtes et à
robe mouchetée étaient les meilleures lai-
tières. Personne, dans une foire, ne savait
déjouer comme lui les ruses des maquignons,
et quand un paysan avait un cheval à acheter, presque toujours il l'en chargeait. Au
lieu d'aller au cabaret, comme la plupart
des jeunes gens, il lisait, le dimanche, les
livres que lui procurait soit le curé soit l'ins-
tituteur du village; il ménageait ainsi son
argent, sa santé, et acquérait des connais-
sances dont il faisait ensuite son profit et celui des autres. Tout était l'objet de sa sollicitude : la basse-cour, le potager, le verger.

— Faut-il donc que le fermier s'entende à
tout cela, mon père? demanda Emile un
peu effrayé de ce qu'il avait encore à apprendre.

—Oui, mon enfant; car ce sont autant
de sources de produits qu'il peut exploiter.
Une basse-cour bien garnie fait les frais de
la cuisine aux grands jours, et rapporte de
l'argent qui se convertit en une foule de choses

nécessaires dans une maison. En soignant bien les poussins, en les garantissant du froid et de la pluie, en leur donnant du gruau, du millet, de la mie de pain, ils deviennent en peu de temps beaux et forts, et l'on n'a plus guère à s'en occuper ensuite, surtout pendant la belle saison ; car alors ils trouvent en grande partie leur nourriture soit dans les rues, soit dans les cours de la ferme.

Quant au potager, la culture en est plutôt une habitude qu'une science. Il n'en est pas de même du verger. Pour tailler les arbres, les greffer, leur faire prendre la direction convenable, en assortir l'espèce à la nature du sol qui doit les nourrir, les guérir de leurs maladies, les rendre féconds, les préserver des insectes qui leur nuiraient, il est bon d'étudier un peu l'arboriculture, et c'est ce que nous ferons au printemps prochain, le printemps étant la saison de la taille et de la greffe. Mais il ne faut pas t'effrayer, mon cher Emile, quand je te parle de ce que tu ne connais pas ; si longtemps que tu vives, tu auras toujours quelque chose à apprendre, dans l'humble sphère où tu veux vivre, aussi bien que le savant au milieu de ses laborieuses recherches. Le génie de l'homme tend toujours à perfectionner, et à force de courage et de volonté il triomphe des obstacles et découvre à chaque instant des choses restées inconnues à ses devanciers. Que ces choses soient appelées à produire des merveilles, comme la vapeur ou l'électricité, ou qu'elles aident tout simplement le paysan à vivre plus heureux en rendant ses sueurs plus fécondes, elles n'en sont pas moins des découvertes utiles dont on doit remercier et bénir l'auteur.

—Je pense comme toi, dit Louis ; ainsi Parmentier, introduisant en France la culture de la pomme de terre, qui devait adoucir les souffrances des classes pauvres et sauver de la mort, pendant les années de disette, une foule de malheureux, me semble plus digne de la reconnaissance de l'humanité que bien des grands hommes dont toute la gloire s'est réduite à faire couler du sang et des larmes.

— Si l'on t'entendait parler ainsi, répondit M. Guérin en riant, on te prendrait bien moins pour un brave soldat que pour un paisible laboureur. Je crains, mon ami, que tu n'aies manqué ta vocation.

—Mieux vaut tard que jamais, dit le proverbe; si j'étais né pour vivre aux champs, je viens y mourir.

—Tu ne t'y déplais donc pas trop ?

—Tu veux des remercîments, Guérin; mais je ne t'en ferai pas ; si tu ne sais pas ce que je pense et ce que je sens, tant pis pour toi.

Tout en faisant cette brusque réponse, la voix de Louis tremblait et ses yeux se remplissaient de larmes.

—Quand pourrai-je sortir? demanda-t-il, domptant aussitôt son émotion.

— Dans trois ou quatre jours, le médecin l'a promis.

— Bah ! je sens mieux que le médecin ce que je suis capable de faire. Si le temps est beau demain, j'irai me promener jusqu'au bout du village.

— Tu pourras du moins essayer, et comme Emile et moi nous t'accompagnerons, tu n'auras rien à craindre.

— Merci ; je te sais gré de ne pas t'opposer à ce désir.

En ce moment on frappa à la porte . Emile courut ouvrir. Le facteur lui remit une lettre adressée à M. Louis, lieutenant retraité. Elle était timbrée de Paris et cachetée de noir. Louis la parcourut et baissa tristement la tête après l'avoir lue.

— Cette lettre renferme-t-elle donc une mauvaise nouvelle? demanda Guérin.

— Oui et non : oui, en ce qu'elle m'apprend la mort d'un de mes neveux, auquel j'avais la faiblesse de tenir, et non en ce que celui qui vient de mourir eût peut-être déshonoré mon nom s'il eût vécu plus longtemps.

Il n'en dit pas davantage ; mais il resta sombre tout le reste de la journée, et Guérin jugea à propos de ne pas l'importuner de banales consolations.

Le lendemain , Louis avait les yeux rouges comme s'il eût pleuré, et sans doute il se sentait plus malade ; car il ne parla pas de la promenade dont il s'était tant réjoui la veille.

Vers le soir, François, celui des laboureurs qui avait pris à son service le méchant enfant dont nous avons parlé, vint trouver M. Guérin, pour le prier de lui indiquer les meilleurs morceaux de terre de la ferme qu'on devait vendre en détail le dimanche suivant, s'il ne se présentait d'ici-là personne qui voulût acquérir le tout.

— Je vais avec vous, François, répondit le capitaine, qui aimait beaucoup à obliger ; vous savez où sont situés ces héritages, vous m'y conduirez et je vous en dirai mon avis.

— Attendez-moi un instant, dit Louis, je vous accompagnerai jusqu'au bout du village et vous me prendrez en revenant, ou vous me retrouverez ici avec Emile, si je trouve que vous tardiez trop.

Guérin, tout joyeux de voir son ami secouer un peu sa tristesse, lui offrit son bras; Emile le soutint de l'autre côté et ils s'acheminèrent, suivis de François, vers la ferme en question.

—Je vais y entrer, dit Louis ; puisqu'elle est à vendre, nous pouvons la visiter tout comme les autres. Viens, mon enfant, et toi, ami Guérin, continue ta route. Au revoir.

Pendant une demi-heure, Emile s'extasia sur la beauté de l'habitation, sur la grandeur du verger, sur la bonne tenue du jardin, et Louis ne manqua pas d'en faire autant. La maison du notaire était située en face de celle-là et, par la fenêtre entr'ouverte, on le voyait occupé à feuilleter un énorme registre.

—Retourne à la maison, cher enfant, dit Louis à Emile, et prépare à souper ; car j'ai bon appétit ce soir. Je vais dire un petit bonsoir à notre respectable tabellion et je te rejoins.

— Restez quelques instants de plus, mon bon ami, et je viendrai vous chercher, répondit le jeune garçon ; vous n'êtes pas encore assez fort pour vous risquer tout seul au milieu des rues.

Et il partit en courant. Quand il revint, il trouva Louis assis dans le fauteuil du notaire, qui s'entretenait avec lui à voix basse, et paraissait lui témoigner un très-grand respect. Emile se félicita de voir l'ami de son père obtenir toute la considération qu'il méritait. Ils reprirent le chemin de leur maison, et Louis assura qu'il ne se sentait pas du tout fatigué. Son front soucieux s'était éclairci, il souriait doucement en regardant son jeune conducteur et il marchait sans presque avoir besoin de s'appuyer à son bras.

— Vous paraissez beaucoup mieux que ce matin, monsieur Louis, lui dit Emile.

— Je suis beaucoup mieux en effet ; l'air m'a fait le plus grand bien ; je crois même que je suis guéri.

— Quel bonheur ! Ah ! si c'est vrai, nous ferons une fameuse fête dimanche ; mon père l'a dit.

— Une fête ?

— Oui. Papa invitera M. le curé, le maire, François et André, à venir se réjouir avec nous.

— Quand donc en a-t-il parlé ?

— Il y a huit jours, et nous espérions que ce pourrait être dimanche dernier ; mais vous étiez encore trop faible. Ah ! mon Dieu, mais il va m'en vouloir quand il saura que je vous en ai parlé , c'était une surprise qu'il vous préparait.

— Rassure-toi , je ne laisserai pas voir que j'en sois prévenu et il n'aura aucun reproche à t'adresser.

Le dimanche vint , et Guérin , revêtu de ses plus beaux habits, reçut les convives qu'il avait invités. Tous serrèrent amicalement les mains de Louis et lui firent , ainsi qu'au capitaine, les plus sincères compliments. On ignorait leur position respective et , au lieu de voir en eux le bienfaiteur et l'obligé, on y voyait seulement deux amis , heureux de se retrouver après une longue séparation. Il y avait même , par le village , quelques mauvaises langues qui avaient dit, en parlant du capitaine : « Il sait bien ce qu'il fait en retenant chez lui M. Louis, qui n'a ni enfants, ni parents : il en reviendra quelque chose à Emile. » Mais aucun de ceux qui étaient là n'avait pensé que l'intérêt guidât la conduite du capitaine, qu'ils connaissaient pour un homme loyal et délicat.

On se mit à table à midi. Le repas fut très-gai , quoique d'une extrême simplicité.

Au dessert, François se leva et s'excusa de quitter sitôt la compagnie ; mais il tenait à deux beaux champs que Guérin lui avait conseillé d'acheter, et l'heure de la vente allait sonner.

— Restez avec nous, François, dit Louis, si c'est le seul motif qui vous oblige à nous quitter ; la vente n'aura pas lieu.

— La vente n'aura pas lieu ! et pourquoi ?

— Parce que la ferme a trouvé un acquéreur.

— Elle est vendue ? dirent à la fois tous les convives.

— Oui, répondit Louis.

— Vendue ? Mais à qui donc ?

— A un de mes amis, à quelqu'un de ta connaissance, mon cher Émile, au capitaine Matthias.

— Il vient demeurer ici ? Ah ! je suis bien content, s'écria-t-il.

— Content ? Et pourquoi, mon enfant ?

— Parce que je suis sûr que cela vous fait plaisir. Puis, comme c'est un brave homme, ce sera un ami de plus pour mon père ; enfin, puisque c'est un marin, il doit avoir

une bonne provision d'histoires à raconter,
et vous savez que que j'aime les histoires.

— Un marin? Le capitaine Matthias?
Qu'est-ce que cela? demandèrent les invités.

— Ah! pardon, messieurs, j'oubliais
qu'Emile seul connaît les aventures de ce
brave homme, comme il l'appelle; mais si
cela ne l'ennuie pas trop, je vais vous les
apprendre.

Le capitaine fit en peu de mots l'histoire
que nous avons racontée, et, se retournant
vers Emile :

—Je t'ai promis que tu en saurais la fin,
ajouta-t-il, la voici : Le capitaine Matthias
retourna vers son timonier. Breton, lui
dit-il, tu es un homme de bon sens, je le
reconnais; mais je ne puis m'empêcher de
te garder rancune; car ta sagesse m'a ravi
le bonheur sur lequel je comptais. Il valait
mieux me laisser duper par mes neveux que
de me montrer combien j'avais tort de les aimer, puisque rien ne pourra remplacer pour
moi cette affection perdue.

—Bien, mon capitaine. Mais pourquoi?

— Parce que je n'ai pas d'autres parents,
et que désormais, me voilà tout seul sur la
terre.

— Ce sera parce que vous le voudrez bien,
mon capitaine. Quand vous auriez trouvé
dans votre chemin deux cœurs froids et ingrats, ce n'est pas une raison pour maudire
l'humanité tout entière.

— Explique-toi, voyons, et fais vite, dit
notre homme impatienté.

— Ma foi, mon capitaine, voici le raison-
nement que je ferais si j'étais à votre place :
Dieu veut que nous cherchions nos amis dans
notre famille ; mais quand ceux au-devant
desquels nous venions, pleins d'une véritable tendresse, ne sont pas dignes de l'obtenir, il ne nous défend pas de chercher ailleurs quelqu'un qui la mérite. Il y a encore
de bonnes gens au monde, mon capitaine ;
c'est le tout d'y tomber.

Là-dessus notre timonier s'éloigna, laissant Matthias tout pensif. Il ne fut pas longtemps sans reconnaître que Breton avait raison et, se rappelant un ami avec lequel il
avait fait ses premiers voyages sur mer, il

alla le trouver. On le reçut à bras ouverts ;
on lui fit place à la table et au foyer, et,
pour qu'il ne pût croire qu'on lui faisait
l'aumône, on reçut de lui pendant quelque
temps une légère pension ; puis on la refusa,
en assurant que, par son travail, il rappor-
tait beaucoup plus à la maison qu'il ne lui
coûtait. On fit plus encore ; il avait des dettes:
on lui offrit une petite somme laborieusement amassée et on le remercia d'avoir bien
voulu en disposer. Il tomba malade ; on ne
quitta pas son chevet et il n'eût pu recevoir
ni d'un frère ni d'un fils plus de soins que
ne lui en donnèrent cet excellent ami et son
enfant. Ce fut un bienheureuse maladie ; car
elle montra à Matthias tout ce qu'il y a de
bon et de généreux dans ces deux âmes d'é-
lite, et elle le réconcilia avec les hommes.

Il écrivit à son timonier pour le remercier de son conseil et lui en demander un
autre : « Que faut-il que je fasse pour
eux ? » lui disait-il.

« Ce que vous auriez fait pour vos neveux s'ils avaient répondu à votre affection.»

Il s'était trop bien trouvé des avis du

brave homme pour ne pas les suivre exactement. Une jolie petite ferme était à vendre; il l'acheta pour en faire cadeau à son fils adoptif, dont il ne veut plus se séparer.

Emile se jeta dans les bras de M. Louis; Guérin lui tendit la main en pleurant.

« Ne me remercie pas, cher enfant, ni toi, mon vieux camarade; car je serai toujours votre obligé.

— Ainsi, Matthias c'est vous? dit le bon curé en pressant à son tour la main de Louis. Vous êtes digne d'eux, comme ils le sont de vous, et je raconterai, si vous me le permettez, votre histoire à tous mes petits amis, pour leur prouver une fois de plus qu'une bonne action porte bonheur.

FIN D'ÉMILE.

# ADAM DE CRAPONNE.

La vallée·de la Durance est d'une admirable fertilité. De belles plantations d'oliviers, des champs couverts d'une riche moisson, des vignes chargées de magnifiques grappes attirent les regards du voyageur, et il se dit que le peuple né sous ce beau ciel, au milieu de cette luxuriante végétation, n'a rien à envier à aucun autre. Il serait bien surpris, sans doute, si on lui disait que ce sol, aujourd'hui si fécond, était

autrefois d'une désolante stérilité ; que ce terrain , brûlé par les ardeurs du soleil , ne
pouvait fournir à la population hâve et ma-
ladive qui lui demandait sa nourriture , que
des ronces et des épines.

Tel était pourtant , il y a quatre cents ans,
l'état de ce pays que de robustes et joyeux
paysans animent aujourd'hui , et si l'homme
qui fait faire quelques progrès à l'agriculture mérite les éloges de la postérité, celui
qui a su trouver le moyen de répandre l'a-
bondance dans ces campagnes , de donner
le bien-être à tant d'êtres souffrants, a droit
aux hommages de tous les amis de l'humanité.

Le bienfaiteur de cette partie de la Provence naquit, en 1521 , au village de Salon,
de Guillaume de Craponne, gentilhomme
d'origine italienne, et de Marie de Château-
neuf , que Guillaume avait épousée en Provence. Cette famille, qui avait produit plusieurs hommes illustres et avait embrassé
dans les guerres de Naples le parti de la maison d'Anjou, fut accueillie avec distinction à
la cour de France et, grâce à la faveur royale,

elle tenait le premier rang dans la contrée où elle s'était établie.

Adam, c'était le nom de ce génie qui devait rendre la Provence heureuse et fertile, montra de bonne heure d'excellentes dispositions pour l'étude. Il était d'un caractère doux, docile, et apportait aux leçons de ses maîtres la plus sérieuse attention. Bien qu'on ne fût plus au temps où les nobles eussent rougi de savoir lire et écrire, bien que les actes publics ne fussent plus terminés par l'inévitable formule : « Et ledit seigneur a déclaré ne savoir signer, attendu sa qualité de gentilhomme, » un reste de ce préjugé, qui avait régné si longtemps en France, interdisait encore aux nobles la culture des sciences et des arts. Adam, qui était doué d'une raison supérieure et d'une grande justesse d'esprit, comprit qu'au lieu d'abaisser l'homme, l'étude l'élève, l'ennoblit, et ajoute un nouvel éclat à celui qu'il doit aux grandes actions de ses ancêtres. Né avec une grande aptitude pour les mathématiques, il les étudia avec tant d'ardeur, qu'à quinze ans il ne trouva plus de maîtres dans la

province. Alors il continua de travailler seul
et s'efforça d'appliquer à l'architecture hydraulique ce qu'il avait appris. Il fit faire de
rapides progrès à cette science, et bientôt il
acquit la réputation du meilleur ingénieur
de son temps.

Le talent de ce jeune gentilhomme était
son moindre mérite ; il s'était distingué dès
sa plus tendre enfance par une grande
bonté de cœur, une compassion sincère pour
tous ceux qui souffraient. Plus d'une fois sa
mère avait eu la joie de le voir partager avec
de pauvres enfants les friandises qu'elle
lui donnait et de soulager, à sa prière, les
infirmes et les mendiants qu'il rencontrait
sur son chemin. Cette bonté de cœur ne fit
que se développer à mesure qu'Adam gran-
dit et s'il se livra avec tant de zèle à l'étude
de l'architecture hydraulique, c'est qu'il rêvait déjà au parti qu'il en pourrait tirer pour
le soulagement des misères dont, chaque
jour, il était le témoin.

Non-seulement la stérilité du sol con-
damnait les habitants de la Basse-Provence
à toutes sortes de privations ; comme si ce

n'eût pas été assez de la disette pour les dé-
cimer, une maladie contagieuse, produite
par les émanations pestilentielles des marais
de Fréjus, exerçait ses ravages dans cette
malheureuse contrée.

Craponne, profondément touché de tant
de maux, s'occupa longtemps des moyens
d'y remédier. Quand il crut pouvoir répondre du succès, il offrit de dessécher ces
marais, et soumit son plan aux hommes de
l'art, qui ne purent que l'approuver. Sur le
rapport qui en fut fait à Henri II qui régnait
alors, ce prince chargea Adam de cet important travail. Il se mit à l'œuvre et, à force de
patience, il délivra sa patrie du fléau qui,
chaque année, au retour des chaleurs, portait le deuil dans une multitude de familles.

Ce succès remplit de joie le jeune ingénieur
et l'on peut assurer qu'il fut plus touché du
bien qu'il avait réussi à faire que de la faveur dont le roi l'honora pour l'en récompenser. Henri II l'appela à sa cour, et le com-
bla des plus flatteuses distinctions. S'il eût
voulu profiter de la bienveillance du mo-
narque, il eût rapidement fait fortune ; mais

il n'avait aucune autre ambition que celle
d'être utile à l'humanité et, poursuivant ce
noble but, il s'éloignait des plaisirs après
lesquels courait la brillante jeunesse dont il
faisait partie et passait dans la solitude et le
travail presque toutes ses journées.

Il conçut divers projets, tous grands,
tous utiles, et s'il n'eut pas la gloire de les
exécuter, ils dévoilèrent, du moins, son
génie au roi, qui le chargea de plusieurs
missions, et lui promit son aide pour l'ac-
complissement des entreprises qu'il méditait.
Il songeait à joindre l'Océan à la Méditerranée, en creusant un canal qui traverse-
rait le Charolais, et unirait la Saône à la
Loire. Henri II fit commencer ce grand travail; à sa mort, on y renonça, et, sous
Henri IV, le canal de Briare, qui unit la
Seine à la Loire, fut substitué à celui qu'a-
vait projeté Craponne.

Le second plan conçu par Adam était
de conduire les eaux de la Durance depuis
le rocher dit *Conte-Perdrix*, jusqu'à l'étang
de Berre, en passant par Aix. Ce projet, repris sous Louis XIII et bientôt abandonné,

fut remis en activité vers le milieu du siècle
dernier, mais ne put être mené à bonne fin,
les fonds ayant manqué pour le poursuivre.
De nouvelles études furent faites, de nouvelles sommes furent réunies, et il y a lieu
d'espérer que les parties de la Provence que
ce canal doit fertiliser jouiront bientôt d'un
si grand bienfait. Enfin, Craponne conçut,
non l'idée de conduire un canal à travers le
Languedoc, cette idée est beaucoup plus ancienne et remonte, dit-on, au temps de
Charlemagne, mais celle de conduire les
eaux à plus de cent toises au-dessus du
niveau des deux mers. Paul Riquet eut
plus tard l'honneur de réaliser ce grand
projet.

Après six ans de séjour à Paris, Craponne
revint habiter sa chère retraite de Salon, et
le spectacle des misères qu'il n'avait point
oubliées assurément, mais qu'il n'avait pas
eues sous les yeux pendant cette absence,
redoubla le désir qu'il éprouvait de chercher
à féconder le sol sur lequel il était né.

Dès le douzième siècle, on avait pensé à
creuser un canal dans lequel pussent se dé-

verser les eaux de la Durance. En 1167, Alphonse d'Aragon avait concédé à Raimond de Bolène, archevêque d'Arles et seigneur de Salon, l'aqueduc et l'eau de la Durance, pour la conduire depuis ce fleuve jusqu'à Salon et de là jusqu'à la mer. Malgré cette concession, rien n'annonce que ce projet ait reçu un commencement d'exécution.

Chaque jour, Craponne, que le pays tout entier, avait surnommé l'ami des pauvres, voyait quelque métayer désolé venir frapper à sa porte : la chaleur avait été si grande, que les olives avaient été desséchées et que la récolte sur laquelle on comptait était complètement détruite ; les pluies n'avaient pas tombé en temps opportun et les épis mouraient ; le mistral avait soufflé et les fleurs des amandiers jonchaient la terre. La bourse de Craponne était toujours ouverte, et, non content de soulager les besoins matériels de ceux qui s'adressaient à lui, il relevait leur courage par de bonnes paroles, et leur faisait espérer un plus heureux avenir. Comme il n'était pas assez riche pour secourir tant

et de si grandes misères, il eût craint de ne
pouvoir continuer longtemps la glorieuse
mission qu'il avait choisie, s'il n'eût compté
sur la réalisation de son rêve le plus cher.

Se rappelant les promesses du roi, il lui
peignit avec toute l'éloquence d'un cœur profondément touché, les souffrances des Pro-
vençaux, le suppliant de lui donner les
moyens de les arracher à la misère qui déjà
avait détourné quelques-uns d'entre eux du
sentier de l'honneur et fait, de braves laboureurs, d'adroits et audacieux larrons.
Il faisait connaître à Henri II le plan qu'il
avait conçu, et, pour assurer le succès de sa
requête, il s'adressait en même temps à
Diane de Poitiers, à qui il avait rendu,
pendant son séjour à Paris, quelques services personnels, et à Ambroise Paré, médecin du roi.

On est oublieux à la cour, et les amis que
Craponne croyait y avoir laissés ne justi-
fièrent pas la confiance qu'il avait mise en
eux. Il attendit avec une impatience mêlée
de joie la réponse du roi ; car il ne doutait
pas qu'elle ne fût tout-à-fait favorable, sa

requête étant présentée par M^me Diane et par
Ambroise Paré, et il fut bien tristement surpris quand, au lieu des secours sur lesquels
il comptait, il reçut d'Henri II la même concession qu'Alphonse avait autrefois faite à
l'archevêque d'Arles, c'est-à-dire qu'il oc-
troyait à Adam de Craponne, gentilhomme
de la ville de Salon-en-Craü, en forme de
fief, les eaux de la Durance qui couleraient
dans son canal.

Malgré toute l'amertume de cette déception, Adam ne se découragea pas. Ne se
voyant pas soutenu par le roi dans ses généreux desseins, il résolut de sacrifier sa fortune pour les exécuter et se mit à l'œuvre,
comptant qu'après qu'il aurait donné tout
ce qu'il possédait, la Providence, qui connaissait le désintéressement avec lequel il
agissait, viendrait à son aide. Il était tant
aimé, que cette entreprise, irréalisable pour
tout autre peut-être, lui devenait possible.
Il assembla les métayers qu'il avait tant de
fois secourus, leur fit part de ses plus chères
espérances et réclama leur aide. Grâce à la
vénération dont il était l'objet, il eut bientôt

à son service une multitude de bras , et , en-
courageant par son exemple cette armée de
travailleurs , il commença à creuser le canal qu'il rêvait depuis si longtemps. Une
bande de voleurs désolait le pays ; il leur fit
offrir une honnête récompense de leur labeur , et comme la misère , plus que la
perversité , les avait entraînés dans cette fu-
neste voie, un grand nombre d'entr'eux quit-
tèrent le mousquet et le poignard pour la
pioche et la pelle.

Craponne avait traité lui-même avec les
propriétaires et les communes , pour obtenir
le terrain nécessaire à la construction de son
canal, et, peu soucieux de conserver son pa-
trimoine, il paya tout de ses deniers, et résolut de sacrifier jusqu'à son dernier écu au
salaire de ses ouvriers. Bien que plus d'un
d'entre eux eût donné l'exemple d'un grand
désintéressement, bien que plus d'un propriétaire eût mis à sa disposition le coin de
la vigne, du champ ou du plant d'oliviers
sur lequel devaient passer les eaux, Adam
vit avec effroi ses ressources diminuer. Renoncer à son œuvre, la laisser inachevée,

c'était en perdre tout le fruit, et non-seulement l'intérêt que Craponne portait aux
malheureux lui faisait désirer de la termi-
ner heureusement, mais son honneur même
était engagé dans cette entreprise. Sûrs de sa
loyauté et confiants en sa parole, plusieurs
fermiers lui avaient fait des avances, et il
savait qu'il ne pourrait s'acquitter envers
eux que quand, son travail étant achevé,
il utiliserait le cours d'eau qui lui avait été
concédé.

Dans cette extrémité, il recourut de nouveau à Henri II, et s'adressa au parlement;
mais il ne reçut du roi et du parlement que
des félicitations et des vœux. La noblesse de
la province ne se montra pas plus généreuse;
chacun portait aux nues le désintéressement,
la bonté d'âme et le génie de Craponne, et
personne ne lui venait en aide par la moindre
offrande. Adam ne se rebuta pas : de la noblesse il passa à la bourgeoisie; après avoir
essayé en vain d'intéresser l'honneur et
l'humanité en faveur de son œuvre, il s'a-
dressa à l'intérêt, promit de récompenser
au centuple celui qui lui donnerait les

moyens de la poursuivre, et n'obtint rien de ses généreux efforts.

Il lui restait encore quelques terres et un château, derniers débris de l'héritage paternel; il les vendit et, après cinq années de sacrifices, de privations et de travail, il vit enfin le canal terminé. Ce fut un bien beau jour pour Craponne que celui où les eaux de la Durance, se précipitant dans le lit qui leur était ouvert, parcoururent les campagnes arides qu'elles devaient couvrir de moissons et de fruits. Ce seul jour suffit à le payer de tout ce qu'il avait souffert. La population tout entière se pressait le long du canal, sur un parcours de treize lieues, de Cadenet à Berre, et chacun accueillit l'arrivée de l'eau par d'enthousiastes acclamations. A Salon, tout le clergé et le chapitre de Saint-Laurent, les confréries de pénitents s'étaient rendus en procession jusqu'aux limites du territoire, pour bénir la source de richesses ouverte par l'ingénieur salonais. Après les différents ordres religieux venaient les échevins, les corps de métiers, et une foule de femmes, d'enfants et de vieillards,

tous émerveillés, tous mêlant le nom d'A-
dam de Craponne aux psaumes qu'ils chan-
taient à la louange de Dieu.

Mais on le cherchait en vain : aussi modeste que généreux, l'ingénieur s'était dé-
robé au triomphe qui l'attendait. Enfermé
chez un de ses parents, il avait vu, sans se
montrer, passer la foule et, si grande que
fût sa confiance dans le succès de son travail, il se prenait, en contemplant la joie
de tout ce peuple, à craindre qu'elle ne fût
suivie d'une déception. Il priait dans son
cœur, et ne parvenait que difficilement à
surmonter son agitation. Enfin, à onze
heures moins un quart, une immense cla-
meur de joie lui apprit l'arrivée des eaux
sur le territoire de Salon. Il se jeta à genoux,
pour rendre grâces à Dieu, et versa de douces
larmes en disant : « Désormais, celui qui
voudra travailler ne manquera plus de
pain !... »

Jusqu'à cette époque, la Durance, dont
le lit n'était point encaissé, enlevait à l'agriculture une grande partie du sol, et de fré-
quentes inondations portaient chez les la-

boureurs dont elle était voisine la désola-
tion et la ruine, tandis que les campagnes
qui n'avaient point à craindre ces subites in-
vasions des flots, brûlées par un soleil ar-
dent, absorbaient sans profit les sueurs de
ceux qui les cultivaient. Régulariser le cours
de cette rivière, la conduire à travers «ce terrain horrible, » y porter la fertilité, tel était
le problème si heureusement résolu par
Craponne.

A peine le canal fut-il terminé qu'on en
recueillit les fruits. De fréquents arrosements
couvrirent d'une riche verdure les sables
arides de la vallée de la Craü, et treize mille
quatre cent quarante-neuf hectares de terre,
appartenant à dix-huit communes, furent
ainsi transformés, et le plus pauvre pays
qu'on pût voir devint un riant séjour, habité
par une robuste et joyeuse population.

Adam, toutefois, ne jouit pas du bonheur
qu'il méritait. La reconnaissance de ses
compatriotes devait, il nous semble du
moins, lui être acquise et le reste de ses jours
s'écouler doucement au milieu du respect et
de l'amour de tous ceux qu'il avait sauvés de

la misère. Il n'en fut rien pourtant. Ses dernières années furent abreuvées de dégoût et d'amertume, et, après avoir sacrifié toute sa fortune à enrichir son pays, il n'y trouva qu'égoïsme et indifférence. De toutes les propriétés qui lui avaient été léguées par ses aïeux et qui formaient un avoir très-considérable pour ce temps-là, il ne lui restait plus qu'une maison à Salon ; encore cette maison avait-elle été dépouillée par lui de tout ce qui avait pu, dans les moments de gène, procurer à l'ingénieur un peu d'argent, et était-elle hypothéquée pour plus de moitié de sa valeur. Il se trouva donc réduit à un état voisin de l'indigence et il put alors se féliciter d'avoir mis sa récompense dans la joie d'avoir fait une bonne action plutôt que dans la reconnaissance de ses concitoyens.

Adam n'avait pu, si habile qu'il fût, calculer exactement les frais immenses qu'entraînerait la construction de son canal ; il crut pouvoir subvenir à tout et, après avoir entrepris ce glorieux travail, il ne songea plus qu'à l'achever, sans se soucier de ce qu'il ferait ensuite. Propriétaire des eaux de

la Durance qui coulaient dans ce canal, il
les concédait aux riverains, moyennant une
légère redevance, et, quoique ce fût là tout
son revenu, il ne refusait pas au pauvre de
quoi arroser ses oliviers ou son blé. Il avait
fait construire des moulins à blé et à huile,
sur le rapport desquels il comptait pour faire
face aux engagements qu'il avait été obligé
de contracter; ses créanciers ne lui laissant
aucune relâche', il fut réduit à les leur céder
ainsi que tous ses droits à la propriété du
canal. Une certaine confusion, qu'il faut attribuer à la difficile position de Craponne,
existant dans la rédaction de plusieurs actes
de vente et de cession de terrains, il fut ac-
cablé de procès et, ne sachant plus comment
se soustraire à tant d'embarras, il signa une
transaction par laquelle il se désistait de tous
ses droits, sous quelques modiques réserves,
en faveur de ses créanciers ; moyennant cette
clause, il fut déclaré quitte de toute obligation. Comme les nouveaux propriétaires du
canal s'engageaient à l'entretenir en bon état
et que leur intérêt, d'ailleurs, était garant de
la fidélité avec laquelle ils rempliraient cette

promesse, Adam s'estima heureux de recou-
vrer enfin, au prix de ce qu'il avait eu tant
de peine à achever, un peu de paix et de
solitude.

Il en profita pour reprendre l'étude des
projets dont nous avons déjà parlé. Il traça
des plans pour le canal du Languedoc, qui
devait élever les eaux de l'Ariége jusqu'aux
*Pierres de Naurouse* et les rejeter dans l'O-
céan et dans la Méditerranée, par l'inter-
vention des écluses, en les portant, d'un côté, jusqu'à l'Aude, et de l'autre, jusqu'à la
Garonne. Il écrivit beaucoup sur ce projet,
développa cette idée hardie et fournit enfin à
Paul Riquet, qui devait avoir la gloire d'exécuter ce grand ouvrage, en le modifiant et
le simplifiant, des documents fort précieux.
Les écluses, connues en Italie, n'avaient pas
encore été introduites en France, et si Craponne eût réalisé son projet, tel qu'il l'avait
conçu, on lui devrait l'usage de cet appareil
hydraulique.

Adam donna plus de soins encore à l'étude
du canal qui devait joindre la Saône à la
Loire, en passant par le Charolais. Quand

il crut avoir suffisamment mùri cette idée,
il se rendit à Paris, décidé à n'employer désormais aucun intermédiaire auprès du roi.
Il exposa ses plans à Henri II, qui les ap-
prouva, et mit à sa disposition les sommes
nécessaires pour commencer les travaux. Il
se rendit aussitôt en Charolais, appela auprès de lui ceux des ouvriers qui l'avaient le
plus habilement secondé en Provence et, ravi de joie d'un succès si complet, il déploya
plus de zèle encore, s'il est possible, qu'il
n'en avait encore montré.

L'entreprise marchait, quand Adam reçut l'ordre de se rendre à Nantes, pour exa-
miner des travaux qui y avaient été exécutés
par des ingénieurs italiens. Il s'agissait d'une
citadelle construite sur un terrain sablonneux et par conséquent peu solide. Plusieurs
rapports signalant les vices de cette construction ayant été adressés au roi, Adam
était chargé de décider si elle devait être démolie. Il quitta à regret son canal; mais il
fallait obéir. Il ne lui fallut qu'un instant
pour se convaincre qu'on n'avait pas à tort
accusé les ingénieurs étrangers.

Ceux-ci, auxquels il l'avoua sans détour, essayèrent d'obtenir qu'il ne se prononçât point aussi sévèrement. Il en coûtait à Craponne de leur causer un préjudice qu'il savait être considérable ; mais sa loyauté s'opposait à ce qu'il trahît la mission qui lui avait été confiée ; il leur déclara donc que, les ordres du roi étant formels, à moins qu'il ne lui en arrivât d'autres, il serait obligé de faire démolir la citadelle. Les prières des ingénieurs devinrent plus pressantes ; ils représentèrent à Craponne, sous le plus triste aspect, le tort qu'un tel jugement portait à leur avenir, et surent lui inspirer un sincère intérêt. Mais comme il ne savait pas transiger avec sa conscience, tout ce qu'il put faire pour adoucir ce que sa sentence avait de cruel, fut de promettre aux entrepreneurs de cette citadelle de leur donner un emploi avantageux dans la direction des travaux du canal. Ce n'était pas ce que demandaient ces Italiens, rendus exigeants par la faveur que Catherine de Médicis leur avait accordée. Ils ne se rebutèrent pas toutefois, et jugeant du caractère de

Craponne par le leur, et connaissant ses embarras pécuniaires, ils osèrent lui offrir une forte somme d'argent pour qu'il consentît à changer le rapport qu'il avait préparé.

Craponne, à cette indigne proposition, fut saisi d'une violente indignation ; mais il sut rester calme et répondit à ceux qui la lui faisaient : « C'est une mauvaise action que vous m'engagez à commettre, et je serais doublement coupable si je parlais contre ma conviction et si je trahissais la confiance du roi mon maître. Si vous aviez interrogé ma vie, vous m'auriez épargné l'injure de me croire capable d'un tel crime ; car vous sauriez que l'or n'a de prix à mes yeux qu'autant qu'il est noblement acquis, et peut être employé au bien de l'humanité. Si M. le gouverneur, qui ne peut tarder à revenir de Paris, ne m'apporte aucun ordre contraire à ceux que j'ai reçus, la citadelle sera démolie. »

Le gouverneur de Bretagne avait été mandé à la cour, pour assister, ainsi que les autres gouverneurs des provinces, aux fêtes données en réjouissance du mariage du

roi d'Espagne avec M^me Elisabeth et des fian-
çailles du duc de Savoie et de M^me Marguerite, sœur du roi. On sait quel fatal événe-
ment termina ces fêtes : Henri II, qui aimait
passionnément les tournois et qui s'y dis-
tinguait par son adresse, voulut, après
avoir remporté les prix de la journée,
rompre encore une lance avec le comte de
Montgommery, son capitaine des gardes.
Les deux adversaires coururent l'un contre
l'autre et se choquèrent si rudement, que
leurs lances volèrent en éclats, et le tronçon
de celle du comte, rencontrant le casque du
roi au défaut de la visière, lui fit une bles-
sure dont il mourut quelques heures après.
Catherine de Médicis, déclarée régente, or-
donna sur-le-champ aux gouverneurs de retourner dans leurs provinces, afin d'y prévenir tout mouvement séditieux, et le soir
même du jour où Craponne avait eu avec
les ingénieurs italiens l'entretien dont nous
avons parlé, il reçut la nouvelle de la mort
de son protecteur et du retour du gouverneur. Il lui déclara ce qu'il pensait des for-
tifications qu'il avait examinées et l'ordre

fut donné de commencer, dès le lendemain, la démolition reconnue nécessaire.

Les ingénieurs, ne conservant plus aucun espoir, conçurent l'horrible pensée de se venger de celui qu'ils n'avaient pu séduire. Le poison, longtemps inconnu en France, commençait à y être employé, les Italiens, dont Catherine de Médicis s'était entourée, étant, depuis bien des années, habiles dans la composition de cette arme perfide, qui donne la mort, sans que celui qui la manie ait à redouter la résistance de sa victime. Nos ingénieurs, ayant accueilli l'idée de la vengeance, n'en trouvèrent pas de plus sûre que celle-là, et, s'étant présentés chez Craponne, comme pour savoir quelle avait été la décision du gouverneur, gagnèrent la femme qui le servait. Cette malheureuse, fascinée par l'éclat de l'or qu'ils firent briller à ses yeux, consentit à mêler au breuvage de Craponne le poison qu'ils lui remirent, et peu d'heures après, le bienfaiteur de la Provence était en proie à d'affreuses tortures.

Les médecins, appelés à la hâte, décla-

rèrent qu'il avait avalé le *boucon*, expression
employée alors pour désigner un mets em-
poisonné ; tous leurs efforts pour le sauver
furent inutiles, et Adam expira, en pardon-
nant à ses assassins. Il n'était âgé que de
cinquante ans.

Par son testament, daté de l'an 1552, il
se qualifiait d'écuyer de la ville de Salon-en-
Craü et demandait, s'il mourait en cette
ville, qu'on le déposât dans le tombeau de
ses ancêtres. Adam était resté célibataire.
Frédéric de Craponne, son frère, n'avait
eu qu'une fille, mariée à Jean de Grignan,
seigneur de Montdragon. Claire de Grignan,
issue de ce mariage, épousa César Nostrada-
mus, le plus ancien historien de la Provence.

Dix ans après la mort de Craponne, les
frères Ravel, de Salon, formèrent le projet
de conduire le canal jusqu'à Arles, à travers
les plaines de la Craü. En 1585, ces travaux
furent achevés, et les eaux de la Durance
rejoignirent celles du Rhône. Les intérêts de
ces deux canaux restèrent quelque temps sé-
parés, puis les frères Ravel s'unirent à tous
les créanciers devenus propriétaires du ca-

nal d'Adam et formant une société connue
sous le nom d'*OEuvre de Craponne*. Le roi
Henri III prit sous sa protection la prospérité de ces canaux, et décréta qu'aucun
des terrains fertilisés par les eaux ne pourrait être imposé plus fortement qu'il ne l'é-
tait auparavant.

Depuis près de trois siècles, une vie nouvelle a été donnée à ce pays, et ses habitants,
longtemps plongés dans la misère, ont enfin
connu l'abondance. Grâce à l'*ami des pauvres*,
qui a tout sacrifié pour eux, de magnifiques
récoltes croissent sur ce sol autrefois couvert de ronces et d'herbes sauvages. Le nom
de Craponne s'est conservé, entouré de la
reconnaissance et des bénédictions de tout
ce peuple qu'il a arraché aux horreurs du
besoin. En 1818, une inscription a été gra-
vée sur le rocher de Pic-Béraud, où est faite
la prise d'eau du canal. Cette inscription rappelle en peu de mots le triste état de ces
contrées et loue celui qui les a sauvées. En
1820, une souscription a été faite, et du
produit de cette souscription, une médaille
a été frappée en l'honneur de ce génie bien-

faisant. Elle porte d'un côté le portrait d'A-
dam, et de l'autre est écrit : Dix-huit communes des Bouches-du-Rhône lui doivent
la fertilité de leur territoire.

Cette médaille fut frappée par les soins de
M. le comte de Villeneuve, alors préfet du
département, qui institua une commission
pour régulariser l'OEuvre de Craponne,
faire disparaître les abus et prévenir les con-
testations qui depuis longtemps s'opposaient
à sa prospérité.

Enfin, maintenant que chaque ville se
fait un devoir de rendre à ceux qui l'ont il-
lustrée l'honneur qu'ils méritent, et se plaît
à élever des monuments qui rappellent à ses
enfants la gloire et les vertus de ceux qui les
ont précédés dans la vie ; maintenant que
La Fontaine a sa statue à Château-Thierry,
Racine à la Ferté-Milon, Jacquard à Lyon,
Guttemberg à Strasbourg, Corneille et Boïel-
dieu à Rouen, Jeanne Hachette à Beauvais,
Guillaume-le-Conquérant à Falaise, Frois-
sard à Lille, Lesueur à Abbeville; maintenant
qu'il n'est pas jusqu'à la plus humble bour-
gade qui ne veuille immortaliser les noms

qu'elle cite avec orgueil , il est juste que Craponne, dont la gloire a été si pure , qui n'a employé son rare génie qu'au bien de l'humanité , ne soit point oublié dans ce tribut que la postérité paie aux grands hommes. Les communes arrosées par le canal ont voté des fonds ; le département s'est empressé d'accueillir cette généreuse inspiration et de joindre son offrande à celle de la reconnaissance. Une fontaine , remarquable par l'élégance de sa construction et l'abondance de ses eaux, puisées au canal même, décorera bientôt, on l'espère, la ville natale d'Adam de Craponne, et sera surmontée du buste de ce noble bienfaiteur de la Provence.

FIN.

Rouen. — Imp. MÉGARD et Cie.

www.ingramcontent.com/pod-product-compliance
Lightning Source LLC
LaVergne TN
LVHW011955180726
843502LV00005B/1424